公開透明 × 激勵野心 × 目標傳遞……打破部門牆與隔溫層，徹底根除「小方格怪象」！

陳鎔 著

不只是績效
為亞洲企業量身訂做的
OKR 寶典

打破 KPI 迷思，重拾激勵與目標導向的本質

從策略到行動，激發員工潛能與創造力
亞洲企業實戰，OKR 化繁為簡落地執行

目 錄

▇ 推薦序一　一位身體力行的踐行者　　　　　　　　　　　005

▇ 推薦序二　數位人才管理，驅動組織發展　　　　　　　　007

▇ 推薦序三　革故鼎新，與時代共舞　　　　　　　　　　　011

▇ 推薦序四　引入 OKR 時遇到的困惑　　　　　　　　　　013

▇ 推薦序五　解決驅動企業高效運轉的關鍵問題　　　　　　015

▇ 自序　　　　　　　　　　　　　　　　　　　　　　　　017

▇ 前言　OKR 在亞洲企業實踐的現狀　　　　　　　　　　021

▇ 第 1 章　能讓 OKR 發揮應有作用的環境　　　　　　　　025

▇ 第 2 章　策略引導的目標設定與目標分解　　　　　　　　061

▇ 第 3 章　關鍵結果要有可挑戰性　　　　　　　　　　　　111

▇ 第 4 章　該如何用 OKR 激勵個體　　　　　　　　　　　127

目錄

■第 5 章　OKR 與績效考核之間的衝突　　　157

■第 6 章　OKR 與績效考核如何並存　　　177

■第 7 章　案例：B 水務集團　　　215

■附錄　　　279

推薦序一
一位身體力行的踐行者

　　──寫在《不只是績效，為亞洲企業量身訂做的 OKR 寶典》出版之際

　　陳鐳老師邀請我為他即將出版的新書寫個序或推薦語，我非常高興地接受了邀請，為本書寫推薦語。

　　OKR 是源自於西方管理的一項工具，要適應亞洲企業的管理運用，需要在不斷的實務中檢驗，並在實務中予以調整，以適合在當地企業使用，成為有效的管理工具。

　　《不只是績效，為亞洲企業量身訂做的 OKR 寶典》陳鐳老師力挺 OKR，是源自於其自身的踐行，並在踐行中不盲目地使用西方管理工具，不斷根據自身的實踐，調整 OKR 的一些微小要素，使其能夠落實於不同企業並指導管理實務，讓目標貫徹至個人，由此激發個體創新突破，為企業提高效率，解決目標分解難以落實的問題。

　　因此，《不只是績效，為亞洲企業量身訂做的 OKR 寶典》值得一讀，無論是對已經在運用 OKR 的管理者，還是正在準備嘗試運用 OKR 的管理者，或者是對 OKR 尚不了解的管理者，都有一定的幫助，能發揮一定的踐行指導意義。

彭敏智

推薦序一　一位身體力行的踐行者

推薦序二
數位人才管理，驅動組織發展

因為工作的關係，我每年都會走訪超過100家大型企業，在與人力資源高階主管的交流過程中，深切地感受到大家普遍的焦慮和困惑：人力資源管理該採用何種行之有效的方法和工具，以推動企業的組織目標與個人目標的緊密契合和有序推進？同時，透過什麼樣的手段驅動組織更加的透明化和高效合作以快速響應持續變革的商業環境？這種焦慮和困惑在處於轉型期的大型企業和快速發展的成長型企業表現得尤為顯著。

在大學課堂上，我也經常被問到類似的問題：土井利忠（筆名為天外伺朗）發表的〈績效主義毀了索尼〉是否意味著要取消績效考核？奇異（GE）、德勤（Deloitte）以及埃森哲（Accenture）這些大型的知名跨國企業公開高調宣布要放棄無效的年度績效考核，是否意味著傳統的績效管理方式過時了？

企業人力資源管理實踐者面臨的挑戰和問題的本質是，現代企業組織在經營管理過程中商業模式創新、管理變革、快速響應市場、客戶滿意度提升、員工敬業度強化、組織持續激發等要求，如何在企業經營管理中更加以目標驅動和更加透明合作，是企業經營管理者高度關注的話題。

從全球企業管理實務來看，過去的20年是全球經濟高速發展的黃金時期，同時也是攸關網際網路的數位技術突飛猛進並且不斷改變人們的生活環境、企業的經營管理方式的快速變革時期。伴隨著數位化浪潮，全球經營的世界500強企業，均不斷地探索新的人才管理模式。

《不只是績效，為亞洲企業量身訂做的OKR寶典》尤其是新的目標績效管理方法。Google在過去二十年踐行了OKR方法，在組織高度合

推薦序二　數位人才管理，驅動組織發展

作、管理高度透明等方面獲得了卓越的成效，其他企業也紛紛仿效，試圖效法 Google 的實踐，推動自身組織的發展和管理的變革。

但是受限於不同的經濟環境和管理基礎，大多數亞洲企業在實作過程中並不能夠徹底地解讀其精髓，甚至將 OKR 簡單地解讀為新的績效考核工具，生搬硬套地取代原有的績效管理方式，並期望其能夠快速見效。這樣的做法極其容易在工具層面削足適履，甚至適得其反，以至於有種極端的觀點認為 OKR 不適合亞洲企業。

OKR 究竟是什麼？OKR 又不是什麼？OKR 與績效考核到底是何種關係？OKR 怎麼在不同企業落實？該不該引入？在何種時機以何種方式引入？不同企業推行 OKR 需要具備什麼樣的條件？有沒有相對成熟的、易操作的工具能夠快速推進 OKR……這些問題成為困擾人力資源管理者的現實問題。因此人力資源管理者和實踐者急需一種針對實務操作的工具指南，幫助解讀 OKR 的精髓，幫助大家更快速、更有效地落實 OKR。

陳鐳先生的《不只是績效，為亞洲企業量身訂做的 OKR 寶典》妥善地回答了上述問題，在該書中，我們欣喜地看到，諸如「放開被 KPI 固化的思想」、「OKR 不是績效工具」、「緊盯目標而不是結果」等關鍵觀點，回答了 OKR 的思想精髓和在企業實務中的定位；「組織的目標分解要貫徹」、「個人目標與組織目標要形成齒輪咬合」等務實的操作原則和指南，一語道破了 OKR 在實作過程中需要遵循的原則。這些均為人力資源管理者操作 OKR 提供了可以效法的、切實可行的、務實具體的操作細則。

通讀陳鐳先生的著述，有兩點讓我頗受感動：一是用平實的語言將複雜深奧的理論系統闡釋清楚；二是將實作過程中的困難點、各種環境因素等闡述得非常詳細。這兩點完全是立足於人力資源管理者的角度去思考和解決問題，無論是希望深入了解 OKR 精髓的人才管理研究者，還是希望科學有效、務實實施 OKR 的人力資源管理者，本書都是不可多得的理論性和操作性相結合的、可讀性極強的寶貴資料。

在數位化、智慧化的新時代，越來越多的企業將人才管理提升為組織發展和持續創新的核心，同時不少企業也根據「持續績效」的管理理念，弱化傳統績效管理的考核屬性，強化新時代目標管理的持續回饋價值，將人力資源管理提升至數位人才管理的層次，根據目標績效、人才盤點、繼任管理、職業生涯規劃、招募與評測、學習與發展和勞動力分析與規劃等，系統性地提升數位化時代人才管理對企業數位化轉型和生產經營管理模式的創新。

衷心祝願本書能夠幫助更多的人力資源管理者解其味、食其髓，幫助更多的企業在數位化時代更好地強化人才管理，並透過不斷強化的人才管理實踐推動組織的激發和人才的持續發展。

張月強

推薦序二　數位人才管理，驅動組織發展

推薦序三
革故鼎新，與時代共舞

眾所周知，OKR 理念來自於彼得‧杜拉克（Peter Drucker）的目標管理，從 1999 年約翰‧杜爾（John Doerr）將 OKR 引入 Google，到 2016 年 OKR 開始成為中國企業界的關注焦點，管理界也經歷了在模糊中探尋、在探尋中不斷加深理解的過程。陳鐳先生作為 OKR 的布道者，其上一本專著《目標與關鍵成果法：盛行於矽谷創新公司的目標管理方法》為願意革故鼎新、擁抱變革的管理者指引了方向。這一次，陳鐳先生又帶來了《不只是績效，為亞洲企業量身訂做的 OKR 寶典》一書，這本書可以說是上一本書的強化升級版，也是基於他近年來累積的 OKR 培訓與顧問實戰經驗，對 OKR 實施中遇到的各類問題「開方下藥」，系統診斷，對於正在勇於嘗試績效變革的先鋒，可以說是一大福音。

OKR 是一種聚焦核心工作，持續追蹤回饋，保持組織目標與個人目標上下一致的目標管理方法。經由對 OKR 從 0 到 1 的理解，更多的企業管理者已經不再糾結要 OKR 還是 KPI，實施了 OKR 還要不要考核評分、強制分布等問題，對 OKR 的理解更加理性、深入。我們正處在一個變化即常態的大環境下，需要更敏捷地響應企業外部變化及組織發展的需求，快速調整組織策略目標和團隊目標，並及時落實到員工的目標與行動上，實現策略解碼。目標的對齊能讓整個公司步調一致，目標的過程管理能夠讓員工把精力放在如何實現目標和如何能做得更好，對於需要更快速奔跑的企業來說尤其關鍵。

實施 OKR，不只是引進一個工具和方法，還是對企業中基層領導力和教練技術的考驗，對組織文化和管理 DNA 的考驗。以往直接派任務、以結果為導向的績效管理模式已經不能適應 VUCA（不穩定、不確定、複雜、模糊）時代的要求，企業中基層管理者更需要思考的是如何激勵員

推薦序三　革故鼎新，與時代共舞

工，與員工一起設定清晰、明確且具有挑戰性的OKR，同時在執行過程中敏捷響應內外部變化，快速給予員工回饋，為員工持續賦能，最終達到企業與員工共同成長。關於如何用OKR實現激勵，在陳鐳先生的書中已有詳盡介紹。

在績效改革的道路上，我們不要做循規蹈矩的保守派，而要做勇往直前的開拓者，與時俱進，擁抱變化。感謝陳鐳先生對推動企業在OKR實踐變革道路上所做的貢獻，相信更多的企業管理者會從本書中獲得啟發，跨過OKR實施的失誤，更順暢地展開績效改革之路。

紀偉國

推薦序四
引入 OKR 時遇到的困惑

　　作為一名技術研發的管理者，我一直在專案管理和職能管理之間轉換，或者在其混合中感到迷惘，偶然中了解了 OKR 並將其引入到管理中，但碰到了諸多問題。例如，如何讓目標在保持野心的情況下更容易被接受，如何做到公開透明又符合公司的保密等規則；如何將 OKR 與正在執行的 KPI 考核結合起來，而不是相互獨立，增加大家的工作量；如何從僅關注目標過渡到關注目標的同時關注過程；如何在執行過程中根據市場和產業技術發展情況不斷調整目標及關鍵結果設定；如何做好激勵進而更好地促進 OKR 執行。這些都是我們在引入 OKR 時遇到並且感到困惑的問題。陳鐳老師的《不只是績效，為亞洲企業量身訂做的 OKR 寶典》為我提供了解開困惑之鎖的鑰匙，從實際應用的角度淺顯易懂地講述了應用 OKR 過程中需要注意的問題和解決的方法。

　　《不只是績效，為亞洲企業量身訂做的 OKR 寶典》對於初次接觸並渴望盡快應用該管理工具的人來說是比較適合的書籍，它可以一步一步地引導你完成 OKR 的執行，將基本原則融入每一個步驟的推進執行流程中；同時它也更適合亞洲管理模式的企業在進行管理變革時參考使用，讓習慣了 KPI 的企業可以以較小的阻力推行 OKR。書中對每一個執行步驟都介紹了相關工具或活動設定，像操作手冊一樣，能指導你完善創新管理方法，實現更有野心的未來目標。

王大巍

推薦序四　引入OKR時遇到的困惑

推薦序五
解決驅動企業高效運轉的關鍵問題

相信任何一個企業都遇到過經營成長的發展瓶頸。如何激勵不同的團隊一起工作，全力以赴去實現一個有挑戰性的目標？如何從策略出發，明確目標，在最短的週期內聚焦關鍵成果並付諸必要的行動，將組織目標分解到部門和個人，並且針對責任目標與行動方案達成共識？解決這個問題是驅動企業高效運轉的關鍵所在。

2018 年，我們公司的 G 業務區作為 OKR 試點區域，開始嘗試探索 OKR 管理工具。OKR 的引入，旨在幫助第一線業務產出單位能快速辨識集團策略的優先工作事項，承接集團策略，培育團隊的目標導向、結果意識，加強跨部門合作，適應高速的市場環境變化以及辨識出高績效員工。

2018 年 4 月，G 業務區有幸請到陳鐳老師進行 OKR 培訓，陳老師對理解 OKR、建立有效的 OKR、如何有效實施 OKR、OKR 執行過程中的困難點、如何在不與獎金關聯的情況下激勵員工等方面進行深入淺出的講解，讓我們全方位了解了 OKR 及其實施流程，學會了如何透過 OKR 保持員工個人目標與組織目標對齊，如何實施聚焦、賦能、穿透，如何實現上下對齊、左右同步，從而最終達成組織的策略目標。

感謝陳老師將 G 業務區的 OKR 探索成果作為案例在此書中分享。自 G 業務區 2018 年 4 月推行 OKR 至今，我們獲得了一些階段性成果，同時也經歷了興奮、困惑、反思和頓悟的心理歷程。本書採用了理論與案例相結合的編寫方式，便於讀者理解，為企業的大小目標管理提供了管理理論與實務操作技術指導，希望大家在此書中漸漸體會 OKR 管理帶來的奧妙。

于立國

推薦序五　解決驅動企業高效運轉的關鍵問題

自序

我每一次講課時，都會提到目前的企業家普遍面臨的三種挑戰（見圖 1）：

一是，方向看不清：企業未來向哪裡發展，面對以網際網路、雲端運算、大數據、物聯網、區塊鏈和人工智慧為代表的數位技術已成為第四次產業革命的重要驅動因素，企業如何轉型升級，面對資本市場，如何讓企業獲得資本的青睞，變得更加「有吸引力」。未來什麼樣的企業更具有價值？**面對未來的不確定性，縱觀幾百年的工業史，不難發現，那些能夠擁抱變化、持續創新的企業，才能得以持續發展。就當前經濟發展的趨勢：由大數據、區塊鏈、人工智慧、5G（第五代行動通訊網路）應用等新技術引發的產業革命，才有可能引領未來的經濟成長。**如何結合這些科技並轉型成功，就是企業策略層面要解決的問題。

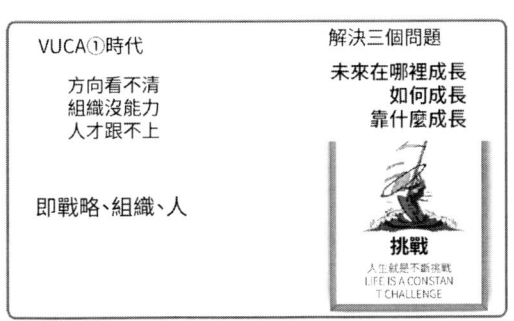

圖 1　企業家普遍面臨的三種挑戰 [001]

二是，組織沒能力：我們現有的組織模式，都還是科層制的架構系統，橫向的「部門牆」，縱向的「隔溫層」，造成組織內部的大量內耗，嚴重影響組織的運作效率，形成大量的隱性成本。橫向的「部門牆」和縱

---

[001] VUCA，即 Volatile、Uncertain、Complex、Ambiguous，不穩定、不確定、複雜、模糊。

自序

向的「隔溫層」，將企業分成了若干「小方格」。「小方格怪象」讓企業呈現出「大企業病」，效率低下、內耗嚴重。請注意，「大企業病」並不一定只有大企業有，越來越多規模不大的小公司也開始提前出現了「大企業病」，因為科層制也是它們的組織架構邏輯。未來生態型組織的主流形態可能就是大平臺＋小前端[002]，企業平臺化，自組織，自管理，為各類透過自組織方式形成的小前端提供生長和創造價值的環境。

三是，人才跟不上：招不到人才，留不住優秀的人才，這是目前絕大多數企業的問題。相比前面兩個挑戰來說，這個要更嚴重，因為這是在當下，隨時都在面臨的挑戰。困擾企業家的是，為什麼優秀的人才留不住，加薪也留不住，給了認股權還是要走？這正反映了激勵措施太單一。

企業未來的發展方向是策略，也是道的層面，企業家自己清楚，別人成功的經驗未必適合自己，什麼才是自己企業的發展方向？關鍵是企業要找到第二曲線[003]，突破線性思考。如果找到了，企業就破繭重生；如果沒找到，企業至少還要努力將第一曲線盡可能地延長、擴充。而組織架構的調整，取決於商業模式和業務流程的變化，如果前端不變，中、後臺的調整只是空轉，只會變得更亂。

而對人才的激勵，雖然只是術的層面，但卻是基礎的核心。就像人體的細胞一樣，生病就是因為人體受到病毒或細菌的入侵，當人體抵抗不過時，臟器中的細胞受損，臟器功能受到影響，導致生病。企業的人才，就像是企業中的細胞，一旦出現病症如人才招不到、人才留不住、

---

[002] 大平臺＋小前端 C2B（Customer to Business，消費者到企業）模式的核心，是通過聚合為數龐大的用戶形成一個強大的採購集團，以此來改變 B2C 模式中使用者一對一出價的弱勢地位，使之享受到以大批發商的價格買單件商品的利益。前端強大，特別需要功能越來越強大的後臺支持，才不會導致資源重複和浪費，並且獲取資源的成本最低。

[003] 第二曲線是指企業的第二條成長曲線。傑夫・貝佐斯（Jeff Bezos）的亞馬遜從線上零售再到雲端服務這種跨越就是第二曲線。

士氣低迷、無人可用時，就說明企業內部的造血機制出了問題，就不能向其他系統輸送健康的細胞，慢慢就造成其他系統的功能降低，活力下降，代謝不足，從有序走向無序的混亂，即熵增。

彼得·杜拉克（Peter Drucker）曾說過：「管理要做的只有一件事情，就是如何對抗熵增。在這個過程中，企業的生命力才會增加，而不是默默走向死亡。」由此可以看出，管理其實就是管理人，激勵人。

熵是一個物理學概念。在物理學中，「熵」指的是一個系統混亂的程度，或者說是無序程度的度量。一個系統越無序，熵的值就越大；越有序，熵的值就越小。**當熵達到最大值的時候，這個系統就會出現嚴重混亂無序，最後走向死亡。**而熱力學第二定律告訴我們：一個封閉系統內部，事物總是從有序趨向於無序，因此熵的值一定是增加的。這就是所謂的熵增定律。

對於「Z 世代」、「00 世代」的職場新人而言，他們的需求是直接跨越生理、安全、情感而進入到尊重甚至自我實現的需求中，他們等不起被公司核心層考察、接納，他們也不畏懼權貴，也不想花費時間去迎合，**只做自己想做的事，做有意義的事。**OKR 的 3 ＋ 2 模式正好可以滿足他們的需求。3 代表下級的 O[004] 中，有 3 個是來自於其上級的 KR[005]，將上級的 KR 作為下級的 O，可以層層分解組織的 O，從而將目標分解串成一個有內在邏輯關係的鏈條。而 2 代表著另外 2 個 O，是可以由下級自己提出的 O。因此 3 ＋ 2 模式，正好可以讓他們的「力比多」（Libido）有合適的釋放之地，他們做自己想做的事，就會有非常好的尊重需求被滿足的感覺。OKR 是策略與戰術的結合，只有激發個體，才能讓組織充滿活力。當企業家擁有一支有理想、有活力、想做事的團隊後，未來就在腳下。

---

[004] O 代表 Objectives，可以理解為目標。
[005] KR 代表 Key Results，是關鍵成果的意思。

自序

我的理想是，建立起一個「OKR＋KPA」流派，幫助企業打通任督二脈，有效解決企業目標聚焦、績效、薪酬、激勵問題，提升管理效率，激發出更大的創造力。從機制入手，讓員工自動自發地工作，不是因為錢，而是追求有野心的目標，獲得自我實現的最大滿足。透過激勵，讓員工由僱用的心態轉為合夥人創業的心態。心順了，人活了，有目標，事成了。我的上一本專著《目標與關鍵成果法：盛行於矽谷創新公司的目標管理方法》，寫的是OKR的招式和章法，而這一本書，就像是寫武功的內功心法，知行合一，道術兼修。去做事、做對事、做成事，才能成為真正的高手。

我們正處在一個VUCA（Volatile、Uncertain、Complex、Ambiguous，不穩定、不確定、複雜、模糊）的時代，傳統的KPI（關鍵績效指標）與BSC（平衡計分卡）的線性思考不能適應未來的變化了，正如《啟示錄：打造使用者喜愛的產品》(*Inspired: How to Create Tech Products Customers Love*)一書的作者馬蒂·卡根（Marty Cagan）所說，他們都在用OKR，我這裡斗膽說一句，目前也只有OKR了。因此我們繼續在路上，希望引領OKR走進越來越多的企業，幫助企業家，用創新思考引領未來，同時也用OKR來突破自己，超越自我，一起前行。在路上，櫛風沐雨，心在遠方，只需前行，有多遠，走多遠。既然選擇了遠方，便只顧風雨兼程。加油！

最後我要將此書獻給我的女兒陳元璽、太太黃靜和我的父母。一直愛你們！

陳鐳

前言
OKR 在亞洲企業實踐的現狀

OKR 自這幾年在亞洲開始逐漸升溫，很多企業開始嘗試了解、應用 OKR，最直接的原因是，現在的 KPI 已經越來越不好用了，無論是考核還是激勵，企業都缺乏有效的工具，而 OKR 作為一個新的工具，正在不斷地洗版，從網路商城的 OKR 圖書銷售，到 OKR 微課程都可以看出。於是 OKR 也引起企業家和 HR 的關注，逐漸開始受到 IT（資訊科技）產業從業者及海外投資人的推崇，開始流行起來。

OKR 在 Google 運用了近 20 年，從 Intel 發明至今也有 40 年了，而引入中國不過最近幾年，因此就形成了 OKR 的代溝。而目前很多企業，在引入 OKR 時，忽略了這一點，造成「水土不服」。一些企業在實行 OKR 時，公司高層往往在看過一些影片、微課程、OKR 的書後，覺得不錯，透過自己的學習整合，就開始在公司內部推行，用 OKR 進行績效考核，這其中不乏一些知名的企業，但企業在執行了一段時間後，就發現不順，然後再找專家來輔導。

經常有讀者朋友找我，因為他們公司已在推行 OKR，實施一段時間後，出現一些問題，向我請教該如何解決。這些問題，歸納起來主要有以下幾點：

- 如何才能讓大家有興趣、主動填寫各自的 OKR？
- 當員工遇到臨時而又緊急的任務時，是調整 KR 還是調整他的 O？
- KR 的分數應該如何評？是以完成情況作為評分依據嗎？
- 員工因為不滿主管對他的 OKR 評分而發生爭執，該如何處理？

前言　OKR 在亞洲企業實踐的現狀

- 有了 OKR 還要不要 KPI？
- 如何才能設定有挑戰的 O？
- OKR 沒有獎金怎麼能引發員工積極性？
- 主管的 KPI 思想根深蒂固，如何改變？
- 能否將 OKR 當作替代 KPI 的績效工具？
- OKR 有什麼軟體可以用？
- 上級根據進度來評分，這個進度怎麼確定，是由上級自己評嗎？

　　這些問題的本身，已超出了 OKR 的設計，也就是說 OKR 的概念是有了，但整個思想卻還局限在原先的邏輯中，呈現 KPI 的慣性思考，具有很深的績效考核的情結。目前市面上關於 OKR 的書，對於什麼是 OKR 及 OKR 的特點，都講到了，但出現以上這些問題的企業，依然還是有很多，這說明了在引進 OKR 的過程中，沒有進行思想上的宣導，讓每個人都充分地理解 OKR 與 KPI 的不同，為什麼不同，這樣的不同會為我們的企業帶來什麼樣的改變，而這種改變需要在整個執行的過程中，注意哪些方面，如何處理出現的問題。作為公司高層要堅定信念，將 OKR 的思想貫徹到底，同時也要清楚地理解，任何一項變革，都不是一蹴而就的。

　　OKR 越來越受到不同企業的關注，作為一項變革，企業需要推動從上到下的思想觀念轉變，不能只就 OKR 而 OKR，只有建立起系統性思考，透過引進 OKR，改良企業目前的氛圍；透過有效的手段激發出個體的活力，才能將 OKR 化目標為行動，產生出極大的活力。

　　另外還有一些問題，是讀者沒有問到的，但在我的培訓和輔導中，已然發現很多企業有著相似的盲點，而這些盲點就像一個個坑，很容易讓企業在實施 OKR 時掉下去，如：

- 目標只分解到第三層，依然不聚焦；
- 公司目標到個人目標是斷層，沒有貫徹；
- KR 的高度不夠，無法支持 O 的實現；
- O 的設定太多與業績相關，不能兼顧整體性等。

這些盲點以及在實務中出現的以上問題，讓我有了寫這本書的意願。本書試圖一一解讀 OKR 在企業執行中遇到的這些挑戰，並遵循這樣一條脈絡：先有清晰的公司願景和策略，再制定出公司目標，公司目標需要不斷細分，最終到個人，因此需要配套不同的工具和方法。本書在附錄中列出了 OKR 的實用表格。

本書主要內容如下：

第 1 章「能讓 OKR 發揮應有作用的環境」：介紹了企業在實施 OKR 時，面臨著諸多的挑戰，以及被固化的 KPI 邏輯束縛了思想，需要為 OKR 營造出特有的氛圍。本章適合初學者系統性地全面了解 OKR 實施所需要的環境。

第 2 章「策略引導的目標設定與目標分解」：主要介紹了目標設定的背後是需要策略支持的，以及在目標分解過程中一直存在的失誤和目標沒有落實的困惑，適合對 OKR 有概念，但在目標設定時存在困惑的讀者。

第 3 章「關鍵結果要有可挑戰性」：OKR 在實施過程中，KR 是實現 O 的方法論、路徑和工具，要實現有野心、有挑戰的 O，不能依靠之前的成功路徑，因為重複過去，實現不了有挑戰的 O，所以一定要創新。本章適合在引入 OKR 的實踐過程中，當制定 KR 時始終擺脫不了 KPI 的模式，需要重新理解 KR 的創新性的讀者。

第 4 章「該如何用 OKR 激勵個體」：經由設定遠大的目標，做自己想做的事情，這樣才能真正驅動有想法、有幹勁的人實現自我，而不是只依靠薪水。本章適合一直以來用薪水激勵員工，但收效甚微的讀者。

第 5 章「OKR 與績效考核之間的衝突」：OKR 與績效考核這兩者在理念上和實務中都是有衝突的，OKR 是為了實現目標，而績效考核是為了結果產出，不一樣的邏輯，決定了不同的方式。本章適合企業高階主管和 HR 閱讀，可以幫助釐清 KPI 與 OKR 的區別。

第 6 章「OKR 與績效考核如何並存」：由於 OKR 是追求有野心、有挑戰的目標，因此一些日常的、流程化的工作不屬於 OKR 的範疇，但沒有對這些日常工作的績效考核，只顧著遠大的目標，就很容易因小的失誤而造成巨大的失誤，不能有效支持 O 的實現。本章適合企業高階主管和 HR 閱讀，解決其選什麼、留什麼的困惑，OKR 與 KPI 是可以相容的。

第 7 章以 B 水務集團為例，介紹一個完整的 OKR 執行過程。

筆者出版的《目標與關鍵成果法：盛行於矽谷創新公司的目標管理方法》一書中，介紹了 OKR 的前世今生、OKR 的特點、O 和 KR 的關係，以及如何應用的原則，是一本比較全面的介紹 OKR 的書，適合需要對 OKR 進行全面了解和初步應用的讀者。讀者也可以根據本書附錄 D 裡的學習 OKR 進階表來閱讀適合的書籍。

第 1 章
能讓 OKR 發揮應有作用的環境

目前絕大多數企業在制定目標時，還是沿襲 BSC（Balance Score Card，平衡計分卡）或 KPI（Key Performance Indicator，關鍵績效指標）的思想，層層分解，並進行考核，很多企業的指標系統多年未曾變過，只對數值做了調整，但思路已僵化。而且以財務資料為導向的指標，正面臨著巨大的挑戰，因為在新經濟形勢下、新業態模式下、新發展思路下，財務資料已無法支持整個公司的營運系統。在當前新經濟形勢下，企業考慮的是「如何與客戶產生更多的黏著度、降低獲客成本、縮短試錯的週期、快速推廣」等等，而這些都是不確定的，也是無法用 KPI 指標來衡量的。

第 1 章　能讓 OKR 發揮應有作用的環境

1.1　組織面臨的環境，回歸 OKR 的初心：OKR 是目標管理利器

當今我們生活在不穩定、不確定、複雜、模糊的 VUCA 時代，可以說，VUCA 時代帶給我們巨大的衝擊。由於在過去很長一段時期內，環境是相對穩定並可預見的，因此企業通常運用已有的知識和經驗就可以解決很多問題。把繁雜的問題進行細化分解，然後逐一解決，最後把所有的解決方法進行歸納總結，形成制度，甚至建立一套流程系統，從而避免類似的問題，並以此為基礎，解決新的問題──這種處理方式在商業環境相對穩定並且可預測的工業時代非常奏效，只要嚴格執行並重複標準化的流程就可以獲得成功。

但是，現在隨著環境的快速變化，這種方式受到了巨大的衝擊，曾經的大公司 Nokia、柯達、摩托羅拉……一個接一個地倒下，而上述企業恰恰是大家曾經競相學習和模仿的標竿企業，完善的流程系統、規範的管理制度在 VUCA 時代已經不再是克敵致勝的法寶。前面所述的管理思想和工具，在這些大企業的倒塌之下，也變得不堪一擊了。

我們日益發現，遵從過去的經驗似乎越來越不能帶來安全感，反而隨著經濟全球化和行動網路的日益普及，外部環境的任何風吹草動都可能成為企業面臨的暴風驟雨，企業自身的調整和變動也同樣會影響產業鏈上下游、同行業企業，乃至帶來整體環境的變化。

在這樣複雜多變的外部環境下，企業的管理者面臨巨大的壓力和挑戰，他們需要隨時緊繃著神經去迎接每天擺在面前的充滿未知的諸多難題，而這些難題絕大多數已經超過了管理者原有的經驗認知和能力的範圍。而在企業內部，通常卻有著這樣一種不成文的規定，就是「誰決

策、誰負責」，這種特殊的文化使得下屬在面對變化莫測的難題時，更多地選擇逃避責任，將決策的難題推給管理者。於是，管理者不得不提出那些自己也不知道該如何處理的難題的處理方案。

KPI 是工業時代的產物。科學管理理念的背後，是整個績效主義的時代，企業把人工具化，企業和人的關係是僱傭和附庸。職業成為人的既定軌跡，人的需求和能力被抑制和裹挾，沒有得到充分釋放。到了知識經濟和智慧時代，個體崛起，追求自我實現，工作和職業是手段而不是目的，企業為人而設，成為賦能於人的平臺。

這是一個知識和創造的時代，人才已經超越土地和資本成為生產要素中最重要的部分。未來，人才會變成重要的資產。大部分人的工作會脫離體力勞動，變成腦力勞動、心智勞動，成為知識工作者。人創造價值的維度已經變了，不在於做事情的多少，而在於做事的品質和它的創造性、創新性。同時，個體的需求和職業觀也發生了變化，以上都需要更創新、更符合人性的管理理念、方式和工具來適應新的時代。

據《財星》(Fortune) 雜誌報導，美國中小企業平均壽命不到 7 年，大企業平均壽命不足 40 年。而在中國，中、小企業的平均壽命僅為 2.5 年，集團企業的平均壽命僅為 7 至 9 年。美國每年倒閉的企業約為 10 萬家，而中國有 100 萬家（見圖 1-1）。

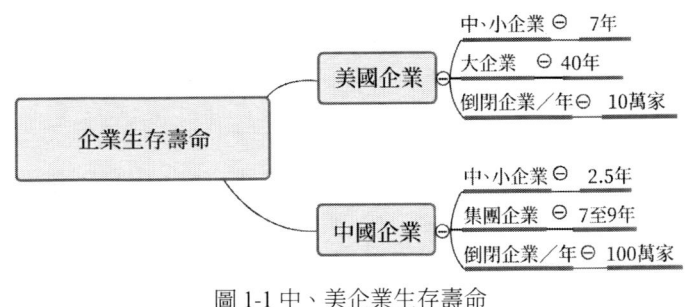

圖 1-1 中、美企業生存壽命

第 1 章　能讓 OKR 發揮應有作用的環境

不管是百年老店還是商界新秀，不管是資產過兆元的巨無霸企業還是雜貨小店，無時無刻不面臨生存或是死亡的拷問，反而是 Google、Facebook（臉書）、LinkedIn（領英）這些網際網路、IT 公司獲得了跨越式成長，究其原因是引入了一種新的管理工具——OKR，即目標與關鍵成果法。

MBO（Management by Objectives，目標管理）是管理學大師彼得·杜拉克（Peter F. Drucker）創立的，把管理由命令式轉變為目標引領式，變你要做為我要做，MBO 與 SMART 原則[006]相結合，要求每一個目標都符合「具體的、可衡量的、可實現的、相關性的、有時限的」五方面要求，更重要的是 MBO 最終與 KPI 相結合，成為績效考核的工具，從而開始失去作為目標管理的核心方向，轉變為為了績效考核的結果，也就偏離了目標管理的方向。

OKR 作為一種新的管理方式，透過透明溝通形成共識、形成共享；透過更公開的資訊流動、建立個體的發聲管道，讓大家更加聚焦，形成共振。從這個角度看，OKR 就是以人為本、賦能管理的一種應用。OKR 的本質是目標管理，是 MBO 理論思想的迭代，OKR 與 MBO 相比，不光是進行了目標分解，同時還要針對 O（目標）有相應的 KR（關鍵結果），KR 是實現 O 的方法論、工具、路徑和想法，從而能夠更加貼近並確保達成 O，而且 KR 是可以不斷試錯的，這個試錯是可以主動替換的過程，因為未來的不確定性，導致沒有人是聖人，可以預知未來，那只有透過不斷地用 KR 試錯，來進行路徑選擇，從而更加敏捷、高效，也比 MBO 更加容易落實和操作。

---

[006] S 代表具體（Specific），指績效考核要切中特定的工作指標，不能籠統；M 代表可衡量（Measurable），指績效指標是數量化或者行為化的，驗證這些績效指標的資料或者資訊是可以獲得的；A 代表可實現（Attainable），指績效指標在付出努力的情況下可以實現，避免設立過高或過低的目標；R 代表相關性（Relevant），指績效指標是與工作的其他目標相關聯的，是與本職工作相關聯的；T 代表有時限（Time-bound），注重完成績效指標的特定期限。

OKR 是什麼？如圖 1-2 所示，OKR 是目標管理的工具、激勵的工具、溝通的工具和創新的工具，著重在創新變革，以透明和不斷試錯的方式，確保達成目標。這四個工具的定義，意味著 OKR 的屬性，透明和試錯是兩個機制，透明可以產生一系列的如「平等、公開、監督、協調、壓力、競爭」等作用，而試錯則是走向成功的必備條件，就像發明創造，失敗是成功之母，只有經歷了無數次的失敗後，才能最終獲得成功。圖 1-2 展示的文字描述了「OKR 是什麼」。

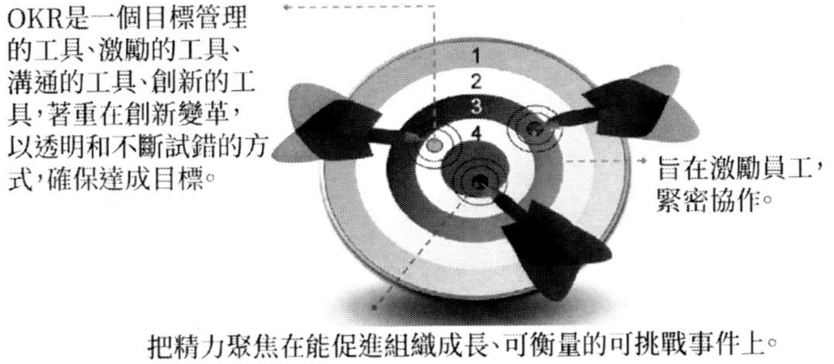

圖 1-2　OKR 的定義

1.2 OKR 在實施時的挑戰

OKR 在實施時的挑戰有如下幾點：

1. 目標不具有挑戰性

很多人的 OKR 設定看起來就像日常工作，沒有什麼挑戰性，HR 部門作為接洽的行政部門，又無法有針對性地指出，這些 OKR 應該如何設定才具有可挑戰性。而許多部門負責的 OKR 也都以流程化的工作作為目標，也就是說當部門負責人對 OKR 也有這樣的認知和理解時，他們是無法指導下屬應該如何設定出有挑戰性的目標，那麼與 OKR 的本意就相差甚遠了。

2. 目標不知該如何設定

OKR 的目標是從公司級分解到部門再分解到個人，也就是說源頭要從公司級目標延伸開來，而很多公司在目標設定時，往往是憑主觀判斷的。我的客戶在請我去做輔導時，我向他要 5 個企業當年的目標，不能全部是業績或收入類的目標，往往公司 CEO 和高階主管或合夥人聽聞並緊急開會後，給我 5 個當年的目標，這是比較普遍的現象。

這 5 個目標基本上是憑直覺得出的，而我在輔導時由於時間有限，就沒有對 5 個目標的產生過程進行追究了，但其實這樣倉促地得出的 5 個目標，往往會存在因為根基不穩而出現的變數。我們在 OKR 的語境中是這樣描述 OKR 的 O 的，O 是遠大的、可挑戰的目標，而且 O 在一年內盡量不要變動，以確保為了實現這個目標而全力以赴，一旦 O 變動得頻繁了，就會影響士氣，也會影響目標的實現。

因此目標的產生是要透過專業的梳理和分析後才能得出的，首先要梳理公司策略，未來的發展方向、定位，還要考慮公司的核心優勢、產

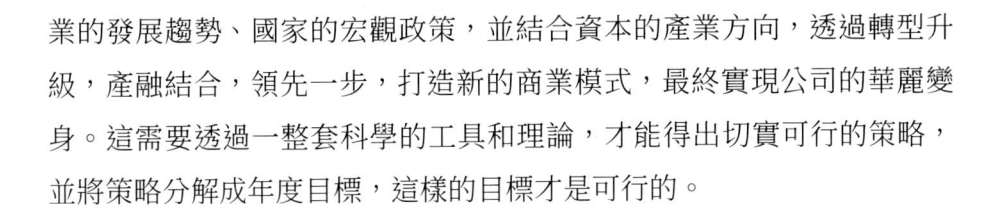

業的發展趨勢、國家的宏觀政策,並結合資本的產業方向,透過轉型升級,產融結合,領先一步,打造新的商業模式,最終實現公司的華麗變身。這需要透過一整套科學的工具和理論,才能得出切實可行的策略,並將策略分解成年度目標,這樣的目標才是可行的。

3. 目標分解不下去

很多讀者說把目標往下分,感覺很難,難在哪裡呢?定量的目標比較好分,而定性的目標往往不太好分。因為定性的目標不好衡量,所以就分不下去了。我在為企業輔導時發現,大家在練習目標分解時,分解目標的方式是五花八門的,有的按流程分解、有的按職能分解、有的用心智圖分解、有的按層級分解,等等。這就說明,企業沒有對目標分解進行過培訓,大家在進行目標分解時,只能按自己的理解進行,但人們的語言表達又比較含糊,這樣導致不同的人又有不同的理解。

目標的分解缺少方法,大部分公司在目標分解時,只分到第二層,最多第三層,也就是從頂層分解到各事業部和子公司,最多再分到部門級,很少有公司將公司目標層層分解到個人。主要原因還是,長期以來從組織管控的角度,只管到部門,部門以下由部門自行管理。

而管理的核心是可描述,可描述才能可衡量,才能可管理。定性的目標是要按照內部的邏輯關係來拆分,要運用專業的工具才能有效地分解定性目標,要建立系統性思考,整體考慮各個環節,更重要的是突破常規,因為我們往往存在慣性思考,習慣向下分解,而很少能向上求解,思考如何可以快速實現目標。

4. 評分時不知該如何評

有讀者向我反映,他們公司在推行 OKR 時遇到的難題是,主管在為下屬做季度評分時,下屬認為主管評得太低了,主管認為下屬對自己的

第 1 章　能讓 OKR 發揮應有作用的環境

認知不客觀，二人鬧得不可開交，問我該如何處理。這也是一個在實務中非常典型的例子，為什麼大家對 OKR 分數如此在意呢？難道 OKR 的分數越高越好嗎？不是的。OKR 是目標管理，而有挑戰性、有野心的目標才符合 OKR 裡對 O 的要求，什麼是有挑戰性的目標？評價標準是這樣的，如果這個目標實現是 1 的話，你全力以赴地去做也只能達成 0.6 至 0.7，而全力以赴是什麼概念，那就是沒有休息日地工作，不是朝九晚六地上下班，而且想不起來最近一次休息是多久以前的事情了，就算這樣拚命地工作，你的目標也只能達成 60% 至 70%，這樣的目標才是具有可挑戰性的。

再來看這個問題，二人在爭評價的分數，為什麼爭，一定是因為分數太低了才會吵得不可開交，而在 OKR 的語境中，OKR 的得分高，則說明目標不具有可挑戰性。透過這個現象就能看出，在 OKR 的實行過程中，大家並不清楚 OKR 的特殊屬性是什麼，因此才認為分數要越高越好，目標要能實現才最好。

5.Review（評估）時走過場

其實 Review 不只是評價，還有個很重要的環節是面談。評估工作的完成情況，與目標之間的差距，另外還要將這個結果回饋給被評估的人，告訴他差距在哪裡，出了什麼問題，在下一個季度的考核評估中應該如何調整，從而能夠實現目標。

很多企業其實缺乏 Review 的概念和過程。因為絕大多數企業還沒有真正意義上的績效考核和績效管理的概念，因此大部分中、高層管理者，沒有受過這方面的培訓和教育，大家內心其實是沒有感覺的，尤其是面對工作表現不好、績效考核差的員工，管理者和員工雙方都會緊張，氣氛也顯得尷尬，那為了緩解這樣的局面，雙方就盡量想快速結束這樣的面談，草草結束了事。

6. OKR 沒有透明公開

一些讀者問我，公司領導者對共享 OKR 有顧忌，怕公司的商業祕密會被洩漏，因此公司在推行 OKR 時，參與 OKR 專案的人，並沒有做到彼此共享各自的 OKR，問我這樣是否可行。這個問題又回到為什麼 OKR 要透明，彼此都能看見。

OKR 之所以提倡透明，彼此都能看到各自的 OKR，是因為透過共享透明的氛圍，可以營造出無形的壓力。你想，在一個透明的環境中，當你可以看到你上司的 OKR，也可以看到老闆的 OKR，甚至還可以看到 CEO 的 OKR 時，你會怎麼想？當整個公司的 OKR 都是可以看到的，誰的 OKR 有野心、有挑戰性，誰的 OKR 太容易實現了，彼此間基本上都是一目了然的。另外，如果你的 OKR 太容易實現，你的上司會找你談話，指著他自己的 OKR 和別人的 OKR 對你說：「看看我的 OKR，看看其他人的 OKR，都如此有挑戰性，再看看你自己的 OKR，你還好意思嗎？」如此就給你兩個選擇，或者馬上回去改 OKR，或者趕緊離開這家公司，待不下去了。

7. 將 OKR 當作 KPI

目前大多數已在應用 OKR 的企業，是將 OKR 替代了 KPI，也就是去 KPI 化，因此也就將 KPI 的績效獎金轉化為 OKR 的獎金，因為對老闆而言「關注什麼，就要考核什麼」，不然怎麼知道是否做到了呢？

當 OKR 替代了 KPI 並與獎金相關時，OKR 就演變成績效考核工具，其實就是新瓶裝陳酒，那麼所有與績效有關的弊端，都會在 OKR 的應用中出現了。

正是因為績效考核的缺失或不如意，才激發許多企業開始嘗試新的工具和方法，以為用 OKR 就可以替代績效。正是有了這樣的思想，才會將 OKR 當作績效考核來用。

第 1 章　能讓 OKR 發揮應有作用的環境

8. 推行 OKR 後績效考核怎麼辦，兩者如何相處

　　這是在每一個推行 OKR 的企業都不可避免會遇到的問題，到底要還是不要績效考核？因為在 Google、Intel、Facebook 這些公司是沒有績效考核的，所以很多創業公司、高科技公司也想放棄績效考核，直接引用 OKR，這樣可以嗎？

　　我們要知道 OKR 的核心思想是設定有挑戰性的目標，目標要遠大，那麼問題來了，如果大家都去追逐有挑戰性的目標，那些瑣碎的事誰來做？有這樣一句話，「員工只做你考核的，不會做你想要的」，那上述的高科技公司為什麼能做到呢？那是因為他們推行 OKR 已歷經幾十年，Intel 至少 40 年，Google 也有近 20 年，職業化程度已經很高了，許多瑣碎的事，靠很高的職業素養都可以自覺完成，而且這些公司請的又都是畢業於全球排名前十的大學的畢業生，而諸多公司，還沒有建立起如此高水準的人才團隊，那就只能靠自己慢慢培養了。培養就意味著你要不斷地教育、不斷地立規矩，因此在引入 OKR 的同時，也不能放棄績效考核，因為更多瑣碎的工作，必須要透過績效考核才能確保落實，不然的話，員工都去追逐高目標了，誰在乎日常的工作呢？

1.2.1　策略目標缺失、目標分解不細、OKR 沒有透明化

　　目前很多企業是沒有策略，也沒有願景的，當被問及對企業未來的想法時，很多老闆的回答是「做大業績、走資本市場、被上市公司收購、未來上市」，等等，這些只是一些想法，而不能稱為策略。

　　轉型真的很難，企業要從一個熟悉的產品和型態，轉向一個陌生的市場和新的產品，面臨著諸多的不確定性，能否轉成功也是一個未知數。這就需要透過公司的未來策略規劃來制定方向和目標，而策略目標

的制定,要涉及公司自身的核心競爭力,以及對本產業方向的未來發展趨勢的研究和分析,更要考慮到資本市場對這個產業的未來發展的預期,因為目前公司在發展過程中,已不能靠原先透過自身的原始累積來擴大規模了,這樣做的發展速度太慢了,而現在產業的發展需要靠資本推動才能實現快速成長,一個產業的迭代速度已快到 2 至 3 年就迭代一次了。隨著新技術創新、新產業趨勢、新商業模式、新應用場景的不斷湧現,人工智慧、物聯網、大數據、雲端運算、區塊鏈、生物科技、新能源技術等科技創新核心領域均保持著超高速成長和大規模發展態勢,已經並將持續改變人類的生活方式,成為新經濟的新引擎、新動能。隨著「網際網路+」、「智慧+」和「大數據+」逐漸成為各行業的「標準配備」,傳統的產業邊界也不斷被突破。

透明化是 OKR 在實施過程中的一個很重要的部分,因為透明化會帶來「榜樣的作用、激勵的作用、鞭策的作用、無形的壓力、監督的作用」。當實施 OKR 的整個團隊中的個體都能看到彼此的 OKR 時,這會帶來很大的衝擊,誰的 OKR 具有挑戰性,誰的 OKR 太容易實現了,都會一目了然。而且透明還可以推動彼此的競爭。主管們會看得更加清楚,誰在努力工作而誰在得過且過,主管如果不能有效管理和推動下屬進步,就可能會被更上層的主管責怪,因為主管的主管能夠看到主管的下屬在混日子,所做的事沒有挑戰性。那麼當主管被他的主管責怪過之後,他會怎麼樣呢?他肯定會找此人,指出他的 OKR 不具有可挑戰性,要求他立即修改,如果一直不能符合 OKR 設定的原則,那就要考慮換人了。這種無形中的監督所產生的壓力,是績效考核所不具備的。

實施 KPI,彼此之間是看不到具體考核指標的,就連本部門內部的不同職位,也是保密的,這就造成了相對獨立,只有主管可以看到,主管的主管也看不到具體的情況,或者也沒有細看。因為績效考核指標在

實際運用中,一般都是到了考核期的時候,才會進行逐一 Review(評估),平時沒有人會關注。

但在實務中,有些公司不願意將 OKR 公開透明,認為這樣會洩漏公司的商業機密,還有一種思想,是怕洩露了主管的工作。其實這都是因為沒有放開心態所致。公司的商業機密是指設計資料、程式、產品配方、製作技術、製作方法、管理訣竅、客戶名單、貨源情報、產銷策略、招投標中的標底及標書內容等技術資料和經營資訊。這些資料的具體細節,是不會呈現在 OKR 中的,而是作為日常工作的內容,在系統中、工作任務裡出現,所以 OKR 中的那個 KR 是不可能寫這些細節的,也就不涉及洩漏商業機密。所以,還是心態最重要。

1.2.2　關鍵結果的可挑戰性不足、沒有隨流程及時更新

以往我們在實施目標管理的過程中,往往會出現這樣的情況,年初設定的目標到年底總結回顧時,會發現與當初設定的目標相差太多,偏差太大,這就是常說的那句「理想是豐滿的,現實卻是骨感的」。究其原因有兩種說法,一種說法是當外部的環境、條件以及當初設定的策略出現偏差時,企業沒有調整出相應的策略和措施,沒有跟上外部環境和客戶的變化,還是按年初制定的策略繼續執行,就造成了偏離目標的結果。

還有一種說法是,應該隨著市場和客戶的變化,去調整我們的目標。調整目標,會很容易陷入目標不斷地移動和變化而造成的不確定性,也就是我們常說的,公司不穩,目標經常變來變去,讓人無法理解和判斷。因此**目標盡量不變,為了實現目標,盡量去調整措施和方法**。就像學生考學測,目標就是讀大學,但意外發生了,這一年發生了不可預測的「黑天鵝」事件,所填報志願的學校今年分數漲了 100 分,那肯定

落榜，目標難以達成了。那有沒有別的途徑可以實現心中的目標——讀大學呢？有的，可以指考、自學重考，這些都是為了達成讀大學的目標，當客觀環境出現了不可逆轉的情況時，而採取的具體措施，是為了心中的目標不變。而如果調整我們的目標，那就只能安慰自己說「因為今年發生了『黑天鵝』事件，不是我不努力，所以目標就是改為申請出國留學吧。」這就是差距。

在設定 OKR 時，我們講 O 要有挑戰性，要有野心，只有設定很高 (High Level) 的目標，才能激發每個人的鬥志，這樣即使目標最終沒有實現，也會導致個人全力以赴地奔跑，而超越 90% 的同行。O 具有很高的可挑戰性，那麼 KR 又該如何呢？

我們在評價一個公司執行 OKR 是否有效時，會看每個人的 OKR 中的 KR 有沒有更換過，如果更換過多，如在整個 OKR 週期內（一個季度）更換了數十次 KR，則說明這個 KR 的設定比較草率，沒有經過深入的思考。為什麼這個 KR 不能有效完成，就草率地更換了？反之，在一個週期內，沒有更換過多 KR，或只更換了幾個 KR，則說明他的 OKR 在執行的過程中，沒有全力以赴地去努力實現，也反映出他的 KR 不具有挑戰性。因為面對一個具有挑戰性的 O，是一定要想方設法地去實現，在這個過程中，需要不斷試錯，不然是很難有結果的。

1.2.3　不知如何用 OKR 激勵個體、設計激勵方式

OKR 在 Google、Intel、Facebook 等公司的應用中，並沒有重點介紹如何激勵員工，因為 OKR 誕生在 Intel 至少有 40 年了，在 Google 也有近 20 年，可以說在美國矽谷的應用已相對較為成熟了，更多的公司把 OKR 當作實現員工夢想、超越自我的方式，員工也早已不在意能得到多少獎金的激勵。另外，在這些公司的 OKR 是以專案制在運作的，這裡

第1章　能讓OKR發揮應有作用的環境

的專案制不是一般意義上的專案管理的概念，這種專案制更多是以專案公司的方式，當早期有了一個創意的雛形後，公司評估可以立項，就由公司進行孵化，一旦原型機研製出來，就可能引入創投，然後不斷迭代產品，再繼續引入各類基金，而當初參與的所有工程師，就會以原始股東的身分加入，從而以公司制的形式快速成長，最終上市或賣給上市公司，獲得豐厚的收益。

而這種模式的激勵，目前轉型中的公司很難實現，好多引入OKR的公司，本身就是一個創業公司，沒有經濟實力進行內部孵化，另外一些上市公司、國營企業，受體制的影響，也不能做到以孵化器的形式來進行專案制的激勵。因為這裡有個很重要的因素，就是風險很大。我們都知道，市場上那麼多的創投公司，成功的機率不到5%，未來很難看清，團隊核心成員能否最終一路同行，以及與同行相比誰背後的資本實力更雄厚，決定了專案能否最終成功。

目前實施OKR的大多數公司，在OKR激勵方面主要有下面三種應用：

（1）將OKR的得分與績效獎金相關，用OKR替代KPI，這樣做的結果，其實就是將KPI換成了OKR，新瓶裝舊酒。

（2）將OKR與KPI結合，設定權重，第一線業務人員按70% KPI ＋ 30% OKR實施，中、後勤人員按40% KPI ＋ 60% OKR實施，這樣做是將二者融合在一起。老闆一直有著一種僵化的想法「沒有考核就無法得到想要的結果」，既然大家覺得OKR好，那就拿來用，但要對結果考核。其實這樣的做法，也是違背了OKR的本意，因為OKR不應該與績效相關，一旦有關績效，就會影響OKR的初心：設定有野心、有挑戰性的目標。

（3）將OKR的激勵單獨分開，KPI繼續按原先設定的規則做以及分配獎金，OKR只為了激勵那些自動自發的人、有自我驅動力的人，這樣

的人只會是少數，因此 OKR 的激勵是針對這些人，透過全場投票選出最具有挑戰性的 OKR，對 TOP 10%至 20%的人，給予物質獎勵。這樣的做法，既與 KPI 有了明顯的區隔，又對 OKR 優異的人員給予獎勵，也發揮了真正的激勵作用。

1.2.4　OKR 與績效考核的理念和實務衝突

績效考核作為管理工具，自 1990 年代傳入中國，期間經歷過 MBO、BSC、KPI、KPA（Key Performance Affair，關鍵績效事件）等不同的績效工具。績效考核是績效管理的一個環節，績效管理涉及績效目標及分解、績效指標設定、績效考核、績效追蹤、輔導、檢查、評估、回饋、績效獎勵及懲處。

績效考核有三個核心理念，分別是對績效結果負責、績效分數與獎金等級相關、績效指標盡量量化，我們將在 5.1.2 小節講述。

OKR 的特點如圖 1-3 所示。

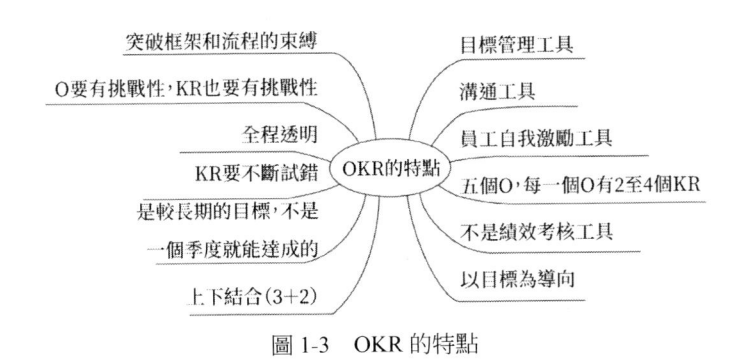

圖 1-3　OKR 的特點

（1）OKR 是目標管理工具，目標管理是管理學家彼得·杜拉克於 1954 年在其名著《彼得·杜拉克的管理聖經》（*The Practice of Management*）中最先提出，之後他又提出「目標管理和自我控制」的主張。杜拉

第 1 章　能讓 OKR 發揮應有作用的環境

克認為，並不是有了工作才有目標，而是相反，有了目標才能確定每個人的工作。此「企業的使命和任務，必須轉化為目標」，如果一個領域沒有目標，這個領域的工作必然被忽視。

（2）KR 是溝通工具，因為 OKR 在實施過程中，為了確保實現目標，需要團隊成員建立良好、敏捷的溝通機制，每週追蹤團隊成員的 KR 進度，每月要總結，這樣溝通頻率是很高的，這種溝通也就可以快速地對 KR 做出反應：這個 KR 是否可行，是否有更好的實現措施，為什麼未能有效進展，遇到哪些問題，如何解決，等等。這些過程中遇到的實際問題，能夠有效解決，那麼實現目標也就有保障了。

（3）OKR 是員工自我激勵工具，因為員工在做自己喜歡的事，覺得這個工作有使命感，就會促使他自動自發地去完成目標。那為什麼能讓員工產生這種驅動力？主要還是因為目標有挑戰性，人在社會實踐中，總是喜歡嘗試做有挑戰性的事，這樣才會有成就感，才能激發出自己的強大動力和追求成功的欲望。而且 OKR 也是與上級達成共識的，其中的個人的兩個 O 是自己提出來的，那麼就會更加積極主動地去完成 O。

（4）OKR 不是績效考核工具，因為績效與績效分數相結合，績效分數與績效獎金相關，於是扣分就會扣績效獎金，那麼在目標設定時，就不會設定有很大挑戰性的目標。然而 OKR 不是績效工具，不會受到目標不能完成而影響到績效獎金的制約，沒有制約，目標的設定也就有了更大可挑戰的空間。當員工一直在追逐可挑戰的目標，持之以恆時，就已經超越了 90% 的同行。

（5）OKR 全程透明。因為透明，所以每個人能看到彼此的 OKR，就會帶來競爭、壓力，這樣就會無形中產生較量，用目標指引大家，就是靠每個人都知道目標是什麼，以及彼此都在做的事是否與目標是一致的。

(6) OKR 以目標為導向，前面講過 KPI 是以結果為導向，而 OKR 是以目標為導向，透過評估 KR 的進度，以目標實現為導向，主動地不斷試錯，只有路徑對了，目標才有可能實現。

(7) 五個 O，每一個 O 有 2 至 4 個 KR，是指在 OKR 的語境裡，目標不能過多，最多為 5 個，每個 O 下面設定 2 至 4 個 KR。

(8) 上下結合（3 + 2），是指上級的 KR 是下級的 O，下級承擔上級最多 3 個 KR 作為自己的 O，另外自己再提出 2 個 O，作為自己想做的事，這種模式更好地產生上、下級之間的互動，既傳承了上級的目標也結合了自己的創新。

(9) O 的設定是一個長期的目標，應該是一年的目標，而不是一個季度就能實現的目標，因為一個季度之內的只能是工作任務，成不了目標。

(10) KR 要不斷試錯，這是 OKR 一項十分重要的機制，因為未來是不確定的，探索和創新的過程會有失敗的可能，所以要有容錯機制，透過不斷試錯，快速迭代，才能有效地實現目標。

(11) OKR 在實施過程中，O 的設定要有挑戰性，KR 為了實現有挑戰性的 O，也必須要有比原來更具有創新和挑戰性的方法、路徑，來支持 O 的實現。

(12) 突破框架和流程的束縛，是指 OKR 突破固有模式，擺脫成功路徑的依賴，這樣才有可能做出有創新挑戰的事情，而長期以來的墨守成規，則會束縛人們的思想，所以刻意不斷突破思想上的束縛。

1.2.5　OKR 如何與績效考核並行實施

績效考核關注的是結果，而且因為量化，其實很多績效考核指標已經基本上定型了，也就是說能量化的指標，基本上都開發出來了，只是

第1章　能讓OKR發揮應有作用的環境

到指標資料庫裡去選而已。這也就造成了一種現象,「**你在還是不在,KPI 都在那裡**」。很多人離職是因為無法完成 KPI,但換了新人來了,不會因為新人而去調整或修改 KPI,基本上是維持不變,甚至老闆對新人期望更高,因此在選人時,老闆會希望將前任的不足之處,在新人身上得到彌補。所以,KPI 總是存在的,可以理解為就像體檢指標一樣,一抽血,所有的血液常規指標如膽固醇、血糖、紅血球、白血球等幾十項指標就都有了。有的過高,有的過低,令你看得眼花,如何調理呢?那就要對症下藥,但大部分情況下,這些指標的高和低,並不是生病的症狀,而是人體處於亞健康的狀態下,需要透過飲食、運動來調整,你每天走 1 萬步,三個月未必有效,必須經過長期的鍛鍊,才能有所改善,但你未必能堅持兩年以上,因此就再換一種運動方式,如跑步、瑜伽、游泳等。你換了很多種,但指標高的高、低的低,依然還在。

　　真正能夠解決企業經營問題、提高經營業績的,不僅是監控各項指標,還在於公司策略、組織設計、商業模式、產品、投資融資、團隊組織等方面的管理,而這些方面,是要用 OKR 讓目標設定得更具有挑戰性,並且需要進行持續改善。因此 OKR 與 KPI 應該是可以和諧共存的。也就是說,KPI 作為日常的監控手段,有必要在各個能夠量化的關鍵結果裡展現出具體的考核要求,但這些考核並不是工作的全部,因為還要有一些可挑戰的目標,需要不斷突破,這就需要用到 OKR,來充分激勵那些要追求高目標的工作,來引領並改變未來的人。因為每一個公司都會有這樣一部分人,會不斷地挑戰更高的目標,而 OKR 的激勵,也只是激勵頂尖的 10%。所以二者的空間,不會彼此侵占。

1.3　放開被 KPI 制約的思想

目前，許多企業都還在應用 BSC + KPI 的考核，由策略規劃部負責組織目標的分解和考核，由 HR 部門負責對員工個人的 KPI 進行考核，一大批企業的管理幹部對 BSC + KPI 的工具，早已應用熟練，也形成了相對比較僵化的 KPI 考核思想，凡事先問「能量化嗎？可實現嗎？有具體衡量標準嗎？如何能夠實現？」

正是因為長期以結果為導向的價值觀，使企業高階主管，包括企業老闆，形成了一種 KPI 思想，要求各項產出結果，都要以量化的標準來衡量，以為不能量化就不好管理了。曾聽過這樣的話：我們只會看到和聽到自己想要看到和聽到的。或者，當你是一把錘子，你看到的所有東西都是釘子。這其實是心理學中的**投射原理**，你對事情的解釋也恰恰反映了你自己是什麼樣的人。

「當你手上有一把錘子的時候，看所有的東西都是釘子。」這其實說明了人們經常會犯的一個錯 —— 來自於自身條件，為了能讓自己現有的工具派上用場而忽視問題本身的需求，忘了其實初始的目的是為了解決問題才使用工具，而不是為了使用工具去製造問題。**人總是習慣於某種思考運作模式，久而久之會形成習慣。**

1.3.1　不能將 OKR 當 KPI 用

目前企業所應用的績效考核工具，無法發揮真正的激勵作用，因此很多企業在不斷地尋找可以替代績效考核的新工具。而 OKR 的出現以及 OKR 在科技公司、IT 公司應用後，表現出耀眼的光環，讓許多企業認為 OKR 是可以替代 KPI 進行績效考核的有效工具。其實這是一個誤解。

第 1 章　能讓 OKR 發揮應有作用的環境

OKR 具有以下四個屬性（見圖 1-4）：

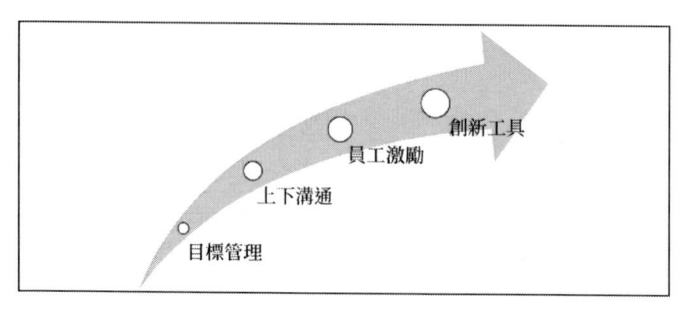

圖 1-4　OKR 的四個屬性

（1）目標管理。OKR 中的 O 就是目標，MBO 同樣是目標管理，但 OKR 不像 MBO 那樣，只是將目標不斷分解，再結合 SMART 原則，與 KPI 相結合，形成績效考核。在 OKR 的目標分解中，並不是所有目標都能成為 O，只有有野心、有挑戰的目標才能成為 O，而且每個 O 還有 2 至 4 個 KR 來支持這個 O 的實施，一旦這個 KR 不能有效支持時，必須馬上更換，以確保透過不斷的試錯方式，快速迭代，尋找一條正確的道路，以實現 O。

（2）上下溝通。因為對未來的不確定性，所以即使制定了目標，也需要不斷進行討論，追蹤，檢討，以確保沒有走錯方向，一旦發現 KR 錯誤時，就要及時調整路徑，以避免越走越錯。所以在這樣的要求下，透過頻繁溝通的方式，採用一對一、一對多的形式，來討論進展是可行的。

（3）員工激勵。傳統的 KPI 績效目前已喪失了激勵的作用，因為要確保得到績效獎金，績效分數就會普遍較高，員工並不是因為工作出色而得到高分，而是因為績效分數影響到績效獎金，而得的高分，自然就失去了激勵的效果。OKR 的激勵不是因為分數的高低，而是為了 O 的實現，而且在設定 O 時，每個人的 5 個 O 中，有 3 個是來自上級的 KR，另外兩個是自己提出的。做自己想做的事，更是一種有效的激勵。

(4)創新工具。由於未來的不確定,沒有人能夠清楚地指明未來,就只有透過不斷試錯的方式,進行快速迭代的探索,這種方式非常符合創新邏輯,試錯則是走向成功的必備條件。

透過這四個屬性,可以看出 OKR 不是績效考核的工具,不能當 KPI 用。

1.3.2 不能以量化作為衡量結果

> 管理就是要可衡量。能量化盡量量化,不能量化盡量細化,不能細化盡量流程化。 —— 彼得・杜拉克

大師的一句話,導致所有做管理的人都在不斷追逐讓管理變得更加量化(見圖 1-5),而不斷開發和應用各種工具,以展現管理的科學性。在一味地追求量化的過程中,迷失了很多管理的其他方向,而陷入了為 KPI 而 KPI 的惡性循環中。

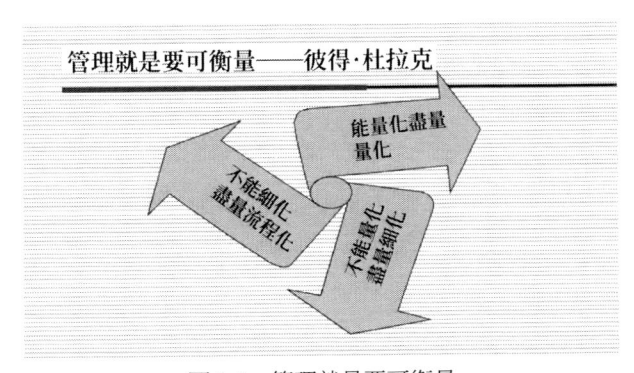

圖 1-5　管理就是要可衡量

(1)能量化盡量量化:「量」字既指測量東西多少的器物等,又有限度、數量、推測和估量等多重意思。而量化則既是確定工作的標準,又是將工作由抽象變具體、由定性變定量、由模糊變精確的一種方法。例

如，數量、成本以數字來表示，就很具體，如銷售收入、利潤、回款、毛利、成本總額等指標。

(2) 不能量化盡量細化：細化是將工作任務做出分解，做到什麼程度，達到什麼標準，由誰負責，都定量、定性地劃分清楚，從而使每一項工作有人負責，每個人的工作有依據。實務證明，細能獲得標準，細能追求深入，細能促進落實。例如品質、時間、評價這些不能以數字來衡量的指標，可以使用如產品使用壽命、效能、品質等級、時間節點、客戶滿意度、上級評價等指標。

(3) 不能細化盡量流程化：職能部門有很多職位，工作比較單一，往往一項工作做到底，這種工作用量化、細化好像都無法準確衡量其價值，如打字員、會計、培訓專員、監察員等的工作。針對這種工作，可以採用流程化的方式，把其工作按照流程分類，從中尋找出可以考核的指標。針對流程中每一個環節，我們都可以從多個角度來衡量，對評價標準我們還可以列出相應等級。如果考核的話，就由其主管按照這些標準徵詢其服務客戶的意見，以進行評分、評估。KPI 作為績效考核的工具，具有非常明確的結果導向。所設定的指標從結果來看，也是可衡量的、可量化的、明確的。指標結構及資料來源也可以從相關管道獲得。尤其是那些產出結果比較直觀，與財務關聯比較密切的業務部門（生產、銷售）的指標，避免了許多人為因素的干擾，展現出客觀性、公正性，其結果也是比較直觀的，達成還是沒有達成，非常清楚。

業務部門的量化指標往往容易制定和選取，但部分非業務部門的工作內容往往是不易量化的。大多數非業務部門，如人力資源部門、行政管理部門等，其 KPI 的量化難度相對較高，因為這些部門的工作具有很多不確定性，工作成果不是由個人能掌控的，而且工作中受領導者的意志影響比較大，處於隨時配合的狀態，另外工作成果也不是定量的，而

是以完成某件事情或任務，讓領導者和周邊的相關協同人員都能滿意為主，因此具有隨機性、不確定性、不可控性，也就不能事先有較為明確的結果可以預測，若硬性地從其自身職責上進行量化，可能出現考核結果的失真。

1.3.3　防止將 OKR 分數用於獎金分配

在 OKR 的語境中，在一個季度內，1 個 O 的得分在 0.6 至 0.7 分為正常；在 0.8 至 0.9 分則過高，說明 O 的難度係數比較低，KR 不具有挑戰性；在 0.3 至 0.4 分時，說明 O 的難度係數較高，KR 一直沒有有效的進展。從中可以看出，OKR 的分數高低，只與 O 的可挑戰性有關，與 KR 的進展程度有關。

OKR 得分，無論是按高分排序還是按低分排序，都意義不大，因為這其中有一個很重要的原因是，在實務中，KR 是被要求作為試錯路徑的，一旦連續兩週沒有進展，這個 KR 要被馬上替換，換一個難度係數一樣的新 KR，因此到最終季度評分時，這個 O 可能已經換了好幾個 KR 了，每換一個 KR 其實對 O 的得分都會產生影響。如果再將 OKR 的分數與獎金結合起來，無論是按高分排序，或是按低分排序，並與獎金相關時，就會導致出現，**有什麼樣的政策就會有什麼樣的對策，整個 OKR 的執行就完全走調，淪為績效工具。**

如果按高分排序，直接影響就是 O 的設定不能太有挑戰性，並確保 KR 容易推進，就能拿到高分，確保獎金。反之如果按低分排序，則 O 的設定要有很大的挑戰性，反正不能實現是常態，同時 KR 也要設定得難以實現，更關鍵的是，連續幾週沒有進展，也不會馬上更換新的 KR，因為沒有進展，就會造成 O 的分數也低，這樣排序時就能得到高排名，確保獎金。可知，當有一個先入為主的主觀目的後，所有的執行過程都

第 1 章　能讓 OKR 發揮應有作用的環境

會因此而被忽略。

當 OKR 的分數攸關獎金後，其實就沒有創新，只是多了一個績效的工具，所有績效的優劣也都會被完全整合，那與我們之前所用過的 BSC、KPI 沒有多少區別。**因此 OKR 一個很重要的特點，就是 OKR 結果不影響績效，OKR 的分數也不用於分配獎金。**唯有如此，才保持了 OKR 獨特的魅力。

1.4 轉變只求結果不關注過程的觀念

「我只要結果,不問過程」這句話很典型,被許多老闆所認同,在公司安排任務時,總愛在最後總結時,加上這句話。這句話如今似乎已經成了許多管理者常掛在嘴邊的一句話,似乎在顯示著管理者的某種個性,或者企業的某種管理文化。這種方式真的有效嗎?

我的一個客戶,以年薪四百萬元請了一位專業經理人,擔任上海公司的總經理。這一位專業經理人也曾是圈內多家知名公司的高階主管,經驗豐富。他制定了一份年度經營計畫,各項指標都一一列出:業績、利潤、回款、新品推廣、建立通路、線上推廣等,並設定了組織架構,開始招兵買馬,老闆也沒參與到具體事務中。半年過去了,好像公司的業績並沒有起色,聽到的彙報是,因為是新公司,品牌、市場、團隊都需要時間醞釀。等到第四季度,老闆眼看公司業績與設定目標差距實在太大,只完成20%後,才親自接手,發現總經理在管理上出現很多問題,為了開拓市場,支付通路方各種費用、壓貨、選擇缺乏潛力的供應商、線下通路依然空白,等等。最後老闆開除了這一位總經理,自己親自管理。

只問結果不問過程,對於相對默契度較高的團隊和比較成熟的市場型態,可能會有效果,團隊也知道老闆想要什麼,之前也都執行過相同的業務,大家按照流程做事,不會出現太大問題。但如果是面對新的市場、研發新的產品、面對新的客戶,如果也是不問過程、只看結果的話,效果就很難得到保證。

我們還是以上述我的客戶的例子做延伸,總經理制定的年度經營計畫中所列的各項指標,都是按年度設定,需要細分到每個季度、每個月的經營指標,這樣透過對每個月的指標完成情況的對比分析,就能準確

掌握市場以及客戶的需求變化。因此作為老闆就要看經營計畫的落實情況，就要有問題提出，如：

- 經營目標中，業績的分解到每個月的完成情況如何？
- 在經營中遇到什麼樣的問題？
- 對線上和線下的通路開發，有哪些具體的措施？
- 如何評價團隊成員每個人的能力？
- 各類客戶［CS（門市）、KA（大型超市）、線上、百貨、超商、連鎖］對我們是如何評價的？
- 每一次的市場推廣活動，成效如何？
- 有沒有建立供應商系統？

如何評估以上這些問題，總經理如果能清楚地回答，讓老闆信服，那麼結果一定會好，反之，老闆就不能置之不理了。當然，如果老闆提不出這些問題，那麼只能聽天由命；或者就同進同出，總之必須親力親為了。

過程很重要，過程對了，結果才有可能是對的，過程錯了，結果一定不對。放棄過程，就等於放棄了原則。

1.4.1　執行每週追蹤

不少管理者以為將任務安排下去，事情就結束了。實際上，對於結果達成而言，僅僅是開了一個小頭，管理者的職責遠遠沒有結束，還需要對員工進行輔導、提供支持，對工作進行檢查和導正。有一些管理者抱有這樣的想法，就是我把事情交給你去做，我這麼信任你，你不可能不用心去做。他們甚至有這樣的想法，就是認為在過程中檢查就是對員工的不信任，既然把工作交給員工去做了，就要做到疑人不用、用人不疑。

這裡犯了一個邏輯錯誤，他們把信任等同於不檢查，把檢查等同於不信任。信任是對人的信任，這個發生在決策環節，只有對員工的能力和品德產生信任，才會交由他去做，否則就不會把任務分配給這一名員工。檢查是對事的檢查，檢查發生在執行過程中，檢查不是簡單地提問，更不是盤問，檢查是一次管理者和員工進行的雙向和良性互動，發現任務執行過程中碰到的問題，給予支持，透過雙方合作促使任務如質如度，按時完成。

檢查督促的頻率多久一次比較合適？在績效考核的概念下，一般都是在考核週期結束後，由 HR 部門發起，然後各部門負責人對下屬的考核指標進行評價。平常很少會對考核指標進行追蹤評價，而績效考核週期一般是季度或半年度，這樣的績效追蹤週期，還是與實際工作脫節，不能及時追蹤回饋。

因此在 OKR 的規則裡，追蹤回饋是按週進行的。**透過追蹤檢查、導正工作，使組織的各部門、團隊保持統一的方向和統一的節奏**。這就好比一群人要去同一個地方，如果只告訴他們目的地，而不在過程中給予回饋，就可能會出現散亂一團的局面，雖然方向一致，但因可選擇的路徑太多，就會導致有的人早到，有的人晚到，團隊的節奏被打亂。同時，**建立追蹤檢查的機制是為了提高團隊的承諾兌現能力**。即使目標確定了，責任歸屬了，也可能會出現拖拉的情況。檢查機制是一個壓力系統，畢竟不是所有的員工都屬於內驅型，他們需要藉助外在的力量進行驅動，幫助他們保持緊迫感。

1.4.2　執行月總結

一般情況下，單位執行月度總結時，都會要求提交月度報告，月度報告涉及月度重大事件說明、月度具體工作總結、當月計畫完成情況、

當月未完成工作專案說明、月計畫執行率、工作中存在的問題、工作改善等內容。這樣的總結比較空泛，個人寫完就提交，也缺乏面談和回顧，只是完成一份作業，寫給自己的一份備忘錄而已，是一份沒有回饋、面談的工作總結。

而作為 OKR 在進行月度總結時，不是以個人寫報告的方式，而是以復盤的形式展開的。復盤是圍棋術語，指對局完畢後，覆演該盤棋的紀錄，以檢查對局中招法的優劣與得失關鍵。雙方棋手把剛才的對局再重複一遍，這樣可以有效地加深對這一盤對弈的印象，也可以找出雙方攻守的漏洞，是提高自己程度的好方法。

OKR 中的復盤，就是與團隊成員一起，相互間進行工作點評，主要按以下步驟進行（見圖 1-6）：

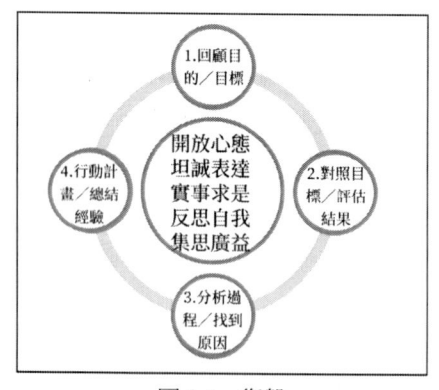

圖 1-6　復盤

- 回顧目的／目標：當初的目的或期望是什麼。
- 對照目標／評估結果：和原定目標相比有哪些亮點和不足。
- 分析過程／找到原因：事情成功和失敗的根本原因，包括主觀和客觀兩方面原因。
- 行動計畫／總結經驗：擬定可複製的方案或者改革措施，對各措施進行創新、繼續或叫停。

復盤通常是以團隊的形式展開，而工作總結通常以個人方式進行，雖然個人也能復盤，但是在企業裡，大部分專案的營運都需要多個人協同完成。因此復盤是一種非常重要的團隊學習機制，透過深度剖析，讓團隊成員能夠從不同的專案復盤中相互學習經驗知識，激發集體智慧，從而提高整體的技能與效率。

1.4.3　進行季度評審和員工大會

依靠主觀判斷的階段已經結束了，在季度末，我們要進行一次客觀正式的評估了！召開季度評估會議最重要的是釐清兩件事：「做到什麼程度」和「怎麼做到這個程度」。

「做到什麼程度」主要是指對每一個 KR 進行評級或者評分。基於季度的實際表現，每一個團隊都要給出他們的最終得分，以及這些得分的理由。得分和理由應該是公開的，這為其他團隊提供了寶貴的學習經驗和教訓的機會，幫助他們了解已經取得的成就，以及整個組織都目標一致時的巨大價值。

關於「怎麼做到這個程度」，可能比第一個問題還要重要。我們要釐清是什麼促成了 OKR 的達成，或導致了結果與目標相去甚遠。這需要組織摒棄過去和和氣氣的氛圍，尖銳並坦誠地溝通執行過程中的問題。在 OKR 的語境中，「討論」是一種狀態，團隊成員每週在回顧 OKR 的執行情況時，主要是看 KR 的進展如何，怎樣可以更加快速地做到，大家要不斷地進行腦力激盪，迭代 KR，如果連續兩週，KR 都沒有進展，就要問為什麼？出了什麼問題？你的備選方案是什麼？與替代的 KR 相比，難度係數是否一致？這些都是「討論」，面對問題。

第 1 章　能讓 OKR 發揮應有作用的環境

如圖 1-7 所示為標準的 OKR 週期。

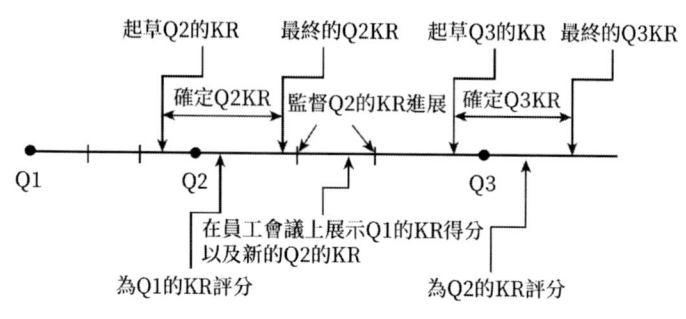

圖 1-7　標準的 OKR 週期

在每一個季度初期，根據準備的內容開始進行 OKR 會議，一般這個會議會持續兩天左右。OKR 的會議內容主要分為以下三個部分：

（1）一部分是對於上個季度 OKR 內容的評估。OKR 季度評審大會是全員大會，在會上公布所有人在上季度的 OKR 得分情況，人數少的公司就由員工自行上臺講他在上個季度的 OKR 得分，並說明這個分數在集團內、在同產業內，所具有代表性、領先性是多少、排在什麼百分比。人數多的公司，則由部門經理來公布。

（2）評選全場 MVP。公布完分數後，全員投票，以全場最具有野心的 OKR 為唯一目標，進行評選。選出 TOP 10% 的員工，作為 MVP 人選。

（3）確認本季度新的 KR，由公司 CEO 或公司內 OKR 的推進者，宣布本季度的 KR，透過檢討上個季度 OKR 的執行情況，對本季度的 KR 提出新的 KR 修正，並確定本季度的 KR。

1.4.4　過程要溝通

溝通看似簡單，實際上很複雜。這種複雜性表現在很多方面。例如，當溝通的人數增加時，溝通管道急遽增加，為溝通帶來困難。典型的問題是「過濾」，也就是缺乏資訊。產生過濾的原因有很多，如語言、文

化、語義、知識、資訊、道德規範、名譽、權利、組織狀態等。由於工作背景不同而在溝通過程中對某一問題的理解產生差異，為溝通帶來不便。

從圖 1-8 中可以看出，如果想要最大限度地保障溝通順暢，當訊息在媒介中傳播時要盡力避免受到各式各樣的干擾，使得訊息在傳遞中保持原始狀態。

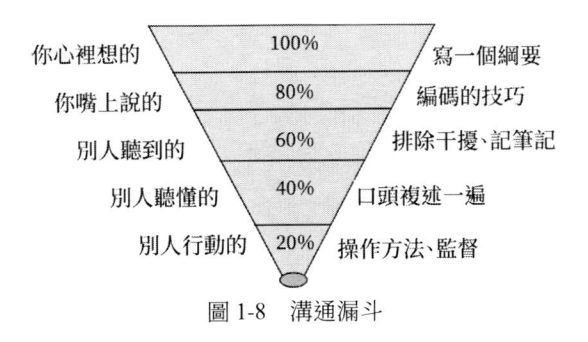

你心裡想的	100%	寫一個綱要
你嘴上說的	80%	編碼的技巧
別人聽到的	60%	排除干擾、記筆記
別人聽懂的	40%	口頭複述一遍
別人行動的	20%	操作方法、監督

圖 1-8　溝通漏斗

在很多企業裡，溝通不順暢的主要原因是，溝通是單向的，往往是下級向上級彙報工作，或是下級單向接受上級的工作安排，上、下級的溝通是有限的，而不是隨時隨地的。而且團隊之間，或部門內部，並沒有充分溝通，因為大家各司其職，相互間很少有交集，這樣就導致雖然團隊人數不多，但能夠彼此溝通的機會不多，交集不多，彼此間也不知道誰在具體做什麼，負責什麼，遇到什麼問題。

OKR 的特點之一是透明，團隊間相互合作，而且 OKR 設定的都是有野心的目標，大家也都不知道什麼才是正確的選擇，因此就要靠不斷地試錯，才能修正措施。這時就更要提倡多溝通、充分的溝通，因此 OKR 本身也是溝通的工具。另外在 OKR 的實施中，團隊成員的組合，不超過 10 人，這樣的人數最適合訊息的快速傳遞，用「@所有人」的形式，就可以覆蓋到團隊所有人，而 10 人的團隊，訊息傳遞和交換是最快捷的，資訊透明對團隊成員來說，是必須要做到的，而且這樣快速的傳遞，還會帶來快速的迭代，一頓飯的工夫，可能就已經迭代多次了。

第 1 章　能讓 OKR 發揮應有作用的環境

1.5　建立系統性思考、全程要透明

　　系統性思考解決問題的方式就是理解到複雜系統之所以複雜，正是因為系統各個元素之間的連繫。如果想要理解系統，就必須將其作為一個整體進行審視。系統性思考是解決複雜問題的工具、技術和方法的集合；是一套適當的、用來理解複雜系統及其相關性的工具包；同時也是促使我們協同工作的行動框架。

　　簡單來說就是對事情全面性地思考，不是就事論事，而是把一件事放在普遍的連繫之中，是把想要達到的結果、實現該結果的過程、過程的最佳化以及對未來的影響等一系列問題作為一個整體進行研究。這種思考方法是目前人類掌握的最高級、最科學的思考方式。

　　OKR 在實施過程中，是一場變革，因此在目標設定、KR 制定、OKR 執行的整個過程中，OKR 的推進者一定要進行整體性、系統性的思考，思考任何一個 KR 的變動會對 O 產生什麼樣的影響，並且一定要對局勢先行預測，以及做到全程透明。經由透明，可以讓小組成員有更多機會思考未來的變化，更多地參與 KR 的試錯，這樣可以讓目標更加快速地達成。

1.5.1　OKR 與外界變化產生聯動

　　在經濟全球化、市場虛擬化的雙重作用下，企業面臨的市場環境日益複雜多變──顧客需求、產品生命週期、科技發展及應用速度、市場結構、遊戲規則等，幾乎沒有一樣可以輕易地預料和保持長期不變，正如小羅伯特·H·沃特曼（Robert H. Waterman Jr.）和弗里蒙特·卡斯特（Fremont Caster）等人所言，「這一點在今天的經營環境裡比先前任何一種

都更為顯著:唯一不變的規律就是一切都在變」。在這種形勢下,一些企業,包括國際上知名的企業因不能適應這種變化而被市場無情地淘汰。

研究顯示,企業是一種複雜適應系統[007],正是由於對市場環境的適應行為才使其構成演化得日益複雜,即複雜適應系統理論所說的「適應性造就複雜性」。企業作為有明確存在目標的社會成員,其生存與發展要求自身必須具備有目的的、自覺的適應能力。然而長期以來,企業所遵循的層級式管理模式以及管理思想沒有意識到這一點,甚至排斥這種需求,導致企業的適應能力被大大削弱,無法適應市場環境的變化而走向衰敗。

OKR 追求的就是不斷地創新和變化,那麼就要將外部的環境變化,積極地引入到 OKR 的實踐中,尤其是在更換 KR 時,一定要考慮到,還有哪些 KR 可以更加有效地實現 O,如何將目前最新的技術應用到工作中,透過新技術來帶動企業的科技創新和商業模式,以及營運效能。

1.5.2　部門間積極響應變化

目前的組織架構大多數都是科層制結構,形成條線化管理,垂直領導。在科層制系統內,都是透過上傳下達的方式傳遞訊息,形成了部門間的隔閡,導致跨部門間的溝通困難,因為都是垂直彙報的體制,橫向溝通,就要涉及彼此間的上級,以及分管的副總來協調,基本上才可以推動一件事情。而現在的管理,都是需要跨部門的,即便是人事、行政、總辦公室這些具有跨部門協調職能的部門,也會在與涉及各部門的溝通協調中,遭遇困難,尤其是具有強勢地位的銷售、財務、研發、營運等部門,都強調自己系統的重要性。

---

[007] 複雜適應系統 (Complex Adaptive System,以下簡稱 CAS) 理論是美國約翰・亨利・霍蘭 (John Henry Holland) 教授於 1994 年在美國聖塔菲研究所 (Santa Fe Institute) 成立十周年時正式提出的。複雜適應系統理論的提出為人們理解、控制、管理複雜系統提供了新的視角。

第 1 章　能讓 OKR 發揮應有作用的環境

OKR 在推進過程中，就要盡量避免這種費力的溝通方式。因此，在 OKR 設定 O 時，就設定了這樣一條規則，那就是同一個 O 可以分給不同的部門來負責，這句話的意思就是在公司高層，如 VP（副總裁）級在設定下級的 O 時，就要有意地將可能出現的跨部門協調的 KR，讓不同職能的部門來擔當，也就是可以人為降低跨部門溝通的障礙，因為幾個不同的部門，可能都在做著同一個 O，這樣這些人就會形成同一個團隊，來共同分解、完成這個 O，從而達成溝通自由，無障礙。

1.5.3　OKR 不涉及核心技術，應全程透明

在 Google，員工可以看到每個人的 OKR，包括 CEO 的。這有幾個好處：

（1）能透過了解其他人的 OKR 找到你們共同的興趣點，以更方便找到合作的切入點。

（2）公開自己的 OKR 有助於得到更多人的支持。

（3）公開的 OKR 就是一個公開的承諾，它能讓你提升完成目標的動力。

透明是 OKR 十分重要的特徵，透明可以帶來無形的競爭、壓力、公平、引領、榜樣等激勵作用，可以形成一種追逐、比較的氛圍。有些公司會覺得，全面透明會洩漏機密，其實在日常工作中，商業機密、核心技術是不可能出現在 OKR 系統中的，工作中都會應用系統來進行，這些系統都是有密碼加密的，不可能在 OKR 的系統中開啟。因此這種機密是不會洩漏的。

有一種可能，那就是參與 OKR 實施的公司高階主管的 OKR 會透明地呈現給所有人，這些高管的行程、拜訪、會議等資訊，有可能會有些

1.5 建立系統性思考、全程要透明

洩漏，但 OKR 要做的是可挑戰性，因此作為高階主管，本身就要心懷坦蕩，透明的本身就是互相的，高層也要對員工坦誠相待。

透明能夠產生一系列的反應，因為大家都能看到彼此，也就知道誰在朝著有野心的目標去努力工作，也能看到誰在偷懶、混日子，由此可以引發出一連串的效應，並由競爭產生壓力，由壓力引發動力，從而達到自我實現的追求（見圖 1-9）。

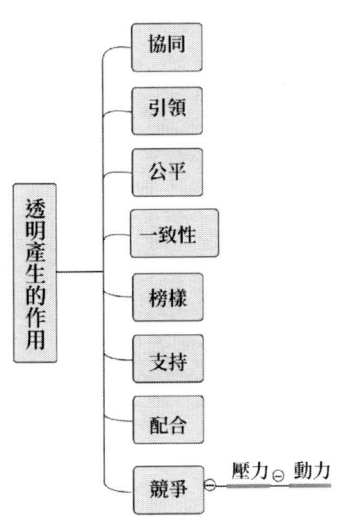

圖 1-9 透明產生的作用

第1章 能讓OKR發揮應有作用的環境

第 2 章
策略引導的目標設定與目標分解

在為很多公司輔導 OKR 時，我都會告訴公司，要提供公司層面的 5 個 O，通常在這 5 個 O 中，業績指標就會占 2 至 3 個，如銷售收入、利潤、回款等，再加上幾個改善管理、建立團隊之類的目標。

這些目標往往都是高階主管們憑主觀判斷想出來的，或是股東們一起熬夜開會討論出來的，因此這些目標的背後缺乏深層次的思考。這些目標設定後，或者是很難執行，或者是管理者對外部競爭和市場環境的變化缺乏深刻理解，沒有心理預期的準備，導致目標設定得過於草率，缺乏邏輯關係。更重要的是，在目標分解的過程中，目標只是傳遞到中層管理者和部門負責人身上，部門往下沒有分解，造成壓力不能有效地傳導到個人，如果沒有上、下同欲的良好氛圍和企業精神的話，目標是很難實現的。

而在傳統的 KPI 邏輯下，目標是必須達成的，否則就不能得到績效獎金，同時也會挫傷大家的積極性。因此就會形成相對保守的思想，以盡力達成指標為目標。而 OKR 的思想則是要有挑戰、有野心的目標，因此這些目標往往會有 30％ 至 40％ 的失敗可能性，也就是不能實現。因此對於一些要確保實現的目標就不能放在 OKR 的 O 中，就像為了盡量穩定股價，業績不能出現下滑或波動，那業績指標就不應該作為 OKR 的 O，因為如果將業績作為 O，有可能因為目標定得太高了不能實現，而影響了公司的股價。

因此 OKR 的 O 是關鍵，公司層面的 5 個 O 的設定決定了公司 OKR 的實行，從一開始就要正確，要有策略高度。

第 2 章　策略引導的目標設定與目標分解

2.1　策略目標設定

被譽為「定位之父」的美國策略學學者傑克‧特魯特（Jack Trout）在累積了豐富的管理實務經驗之後，在其著作《行銷戰爭》（*Marketing Warfare*）一書中，發展了麥可‧波特（Michael Porter）教授對策略的定義，並試圖加強對企業實際應用的指導作用。該書延續了他於1972年發表在《廣告時代》（*Advertising Age*）上的〈定位時代〉（*The Positioning Era Cometh*）一文和專著《定位》（*Positioning: The Battle for Your Mind*）的思想，提出策略就是生存之道、策略就是建立認知、策略就是與眾不同、策略就是打敗對手、策略就是選擇焦點、策略就是追求簡單、策略就是領導方向、策略就是實事求是，對策略的含義賦予了便於實踐的闡釋。

面對複雜的新經濟時代，企業家們面臨著諸多難題急待解決，在VUCA的時代中，企業家面臨著如何看清企業未來方向的困惑：業務如何發展？新的商業模式如何建立？產業如何轉型？企業的優勢在哪裡？業績停滯已經二、三年了，該如何突破？同業競爭越來越激烈，又該如何突圍？

答案就是重塑策略，釐清未來的價值是什麼，擁抱科技、擁抱變化、擁抱創新，而各種新經濟型態和新技術應用，就是未來的方向，只有全部投入到這些新的產業型態和技術應用中，才可能有未來的二次成長。

在分析完企業發展的可能性與可行性之後，需要回歸到企業的經營哲學，即企業的使命（企業為什麼存在）、願景（企業要達到的理想狀態）和價值觀（企業在經營管理中要恪守的原則），以此來統領團隊的策略思考。

2.1.1 策略工具的選擇

在客戶進行策略制定的過程中，無論是顧問還是客戶本身都需要進行影響客戶因素的專業分析，策略分析便是對於客戶策略制定中的影響因素進行分析。

1. 常用的策略諮詢工具

常用的策略諮詢工具如圖 2-1 所示。

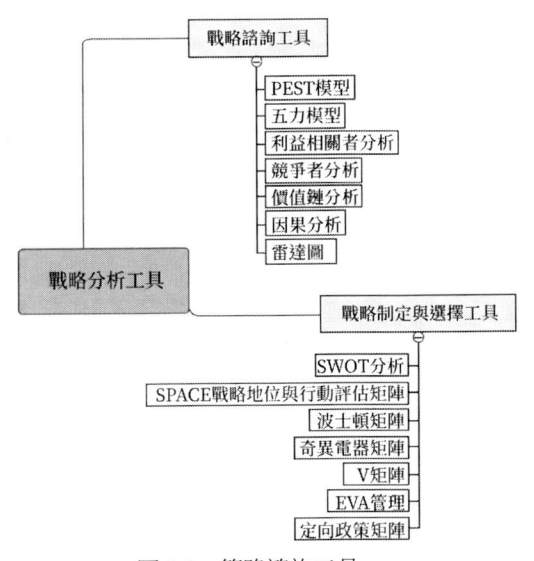

圖 2-1　策略諮詢工具

(1) 分析外部環境：用波特的五力模型和 PEST 模型。

①波特的五力模型：五力模型確定了競爭的五種主要來源，即供應商和客戶的討價還價能力，進入／退出壁壘，替代品的競爭能力以及來自同一產業的公司間的競爭強度（見圖 2-2）。這五種力量綜合起來影響著產業的吸引力以及現有公司的競爭策略決策。

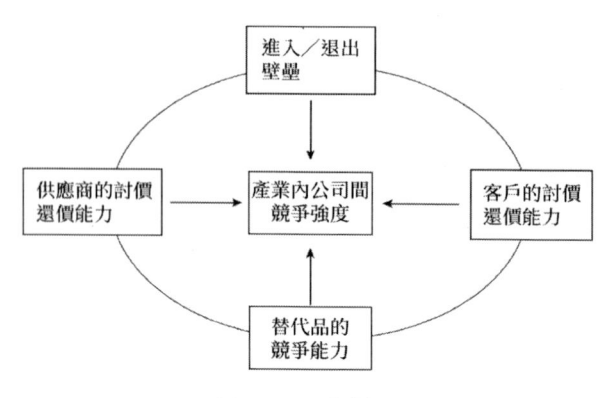

圖 2-2　五力模型

② PEST 模型：對宏觀環境因素做分析，不同產業和企業根據自身特點和經營需求，分析的具體內容會有差異，但一般都應對政治（Political）、經濟（Economic）、社會（Social）和技術（Technological）這四大類影響企業的主要外部環境因素進行分析（見圖 2-3）。

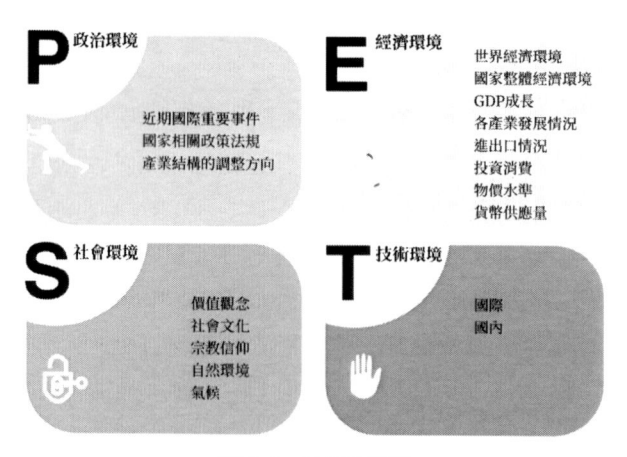

圖 2-3　PEST 模型

仔細看下來，PEST 模型是從宏觀趨勢來分析，而波特的五力模型是從產業層面分析公司的外部競爭。用這兩個工具，就像是拿到了一架望遠鏡，可以從遠到近，從宏觀到微觀來近距離觀察。

（2）分析內部策略選擇：用波士頓矩陣、奇異矩陣和 SWOT 分析。

①波士頓矩陣：透過需求成長率和市場占有率兩個因素的相互作用，會出現四種不同性質的產品類型，形成不同的產品發展前景，分別是 A. 需求成長率和市場占有率「雙高」的產品群（明星型產品）；B. 需求成長率和市場占有率「雙低」的產品群（瘦狗型產品）；C. 需求成長率高、市場占有率低的產品群（問題型產品）；D. 需求成長率低、市場占有率高的產品群（現金牛型產品），如圖 2-4 所示。

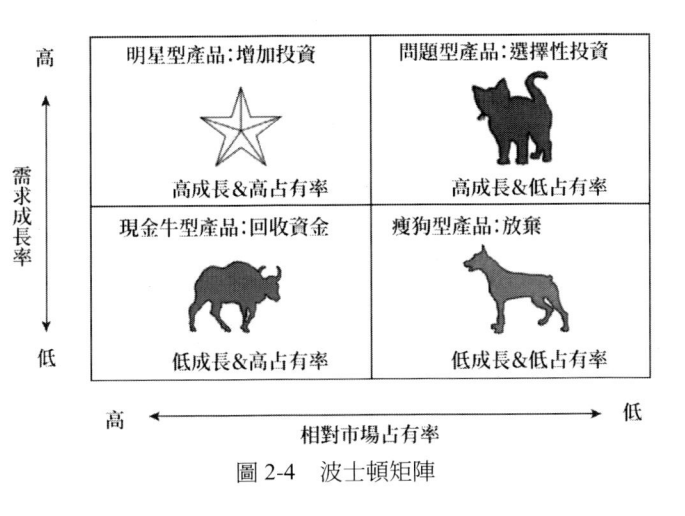

圖 2-4　波士頓矩陣

②奇異矩陣：在波士頓矩陣的基礎上，奇異矩陣用競爭力代替了相對市場占有率，用產業吸引力代替需求成長率，競爭力分為強、中、弱，產業吸引力分為高、中、低，這樣就把波士頓矩陣中 2×2 的四象限矩陣拓展為 3×3 的九宮格，然後選擇相應的發展策略、保持策略和放棄策略（見圖 2-5）。

圖 2-5　奇異矩陣

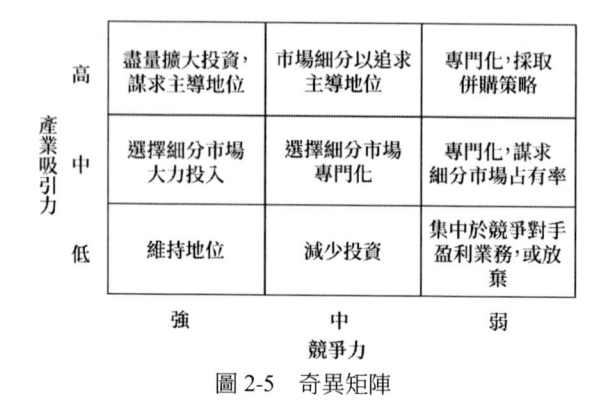

③ SWOT 分析：S（Strengths）是優勢、W（Weaknesses）是劣勢，O（Opportunities）是機會、T（Threats）是威脅。按照企業競爭策略的完整概念，策略應是一個企業「能夠做的」（即組織的強項和弱項）和「可能做的」（即環境的機會和威脅）之間的有機組合。一個手機市場的 SWOT 分析例子，如圖 2-6 所示。

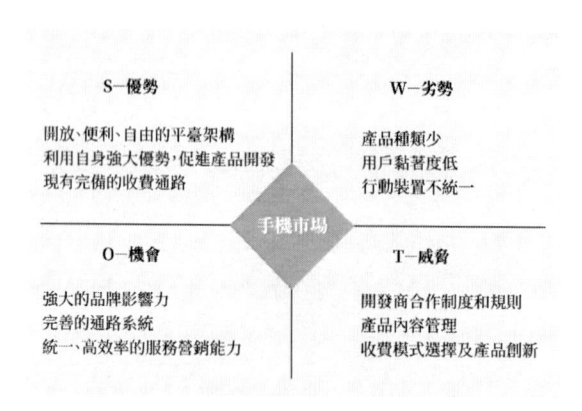

圖 2-6　SWOT 分析

波士頓矩陣和奇異矩陣是從今天和未來的「產品」的角度，看待企業的策略發展。而 SWOT 分析是公司從外部環境和競爭對手「能力」的角度，看企業的策略選擇。

利用這三項工具，分析採取什麼樣的應對策略是最重要的。

2.1 策略目標設定

（3）平衡短期利益和長期利益：用平衡計分卡。

平衡計分卡是從財務、客戶、內部營運、學習與成長四個角度，將組織的策略落實為可操作的衡量指標和目標值的一種新型績效管理系統。設計平衡計分卡的目的就是要建立「實現策略指導」的績效管理系統，從而保證企業的策略得以有效地執行（見圖 2-7）。

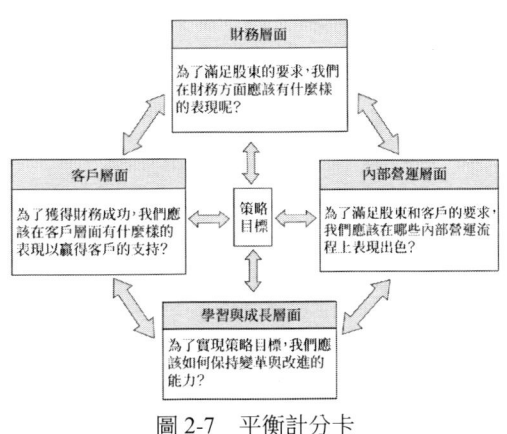

圖 2-7　平衡計分卡

企業經營者的格局很重要，不僅要注重短期利益，更要把眼光放長遠，把公司的願景和策略融入每一個員工的日常工作中。

（4）策略分析工具的基石：MECE 原則。

MECE 是 Mutually Exclusive Collectively Exhaustive 的縮寫，中文意思是「相互獨立，完全窮舉」，也就是對於一個重大的議題，能夠做到不重複、無遺漏地分類，而且能夠藉此有效掌握問題的核心，並成為有效解決問題的方法（見圖 2-8）。更多介紹請參考 2.4.2 小節。

圖 2-8　MECE 原則

2. 在特定商業環境下打造大公司的思考框架 —— ECIRM 策略模型

H 顧問公司在完成 100 多家中國企業策略顧問的基礎上，系統性地研究了歐美典型的大公司和中國大企業的成長經驗，然後總結歸納出一個在特定商業環境下如何造就大公司的一般模式，我們稱之為「ECIRM 策略模型」。在 ECIRM 策略模型中，E（Enterpriser）是企業家，C（Capital）是資本，I（Industry）是產業，R（Resource）是資源，M（Management）是管理，它們共同構成大公司策略不可或缺的五個要素或五個面向，共同耦合成為一個以企業家精神和企業家能力為核心的大公司策略模型（見圖 2-9）。

這是一個在特定商業環境下如何造就大公司的基本框架，是一個致力於打造大公司的企業家必須確立的系統性經營概念。一個持續地致力於五個方面均衡發育和發展、並能做到五者之間功能耦合和系統協同的企業，可望最終發展成為一個大型公司。

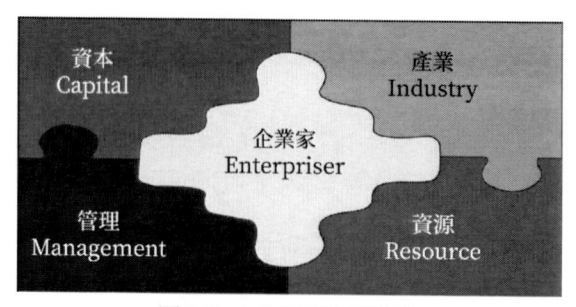

圖 2-9　ECIRM 策略模型

套用「木桶短板原理」，可以具體地解釋這五個策略要素之於公司整體的意義，即一個木桶究竟能盛多少水，不取決於箍成木桶的大多數木板的高度，而取決於最短那塊木板的高度。如果我們把打造一個大公司比喻為致力於箍制一個盛水容量巨大（價值量）的木桶，那麼 ECIRM 就是箍制這個木桶不可或缺的五塊木板。五者之中，任何一個方面或多個

方面的發展被忽略或者出現功能失靈,「木桶短板原理」的效應就會突顯,這樣的公司永難成為真正的大公司。

正是基於對特定企業生存環境的這種理解,H集團在長期從事企業策略顧問的反覆探索和經驗觀察的基礎上,提出了公司策略的ECIRM模型。ECIRM模型,本質上是H集團跳出企業日常營運的視野局限而專為特定公司的成長進行量身配置的一個「結構」,它是重視結構的,而不是以營運為重心的。這個「結構」要求,必須從企業家、資本、產業、資源和管理這五個面向去對企業的生存和發展做出系統性的安排和思考。一個企業的成長前景取決於這個結構的完整性、協同性和規模程度。普通生意人,總是汲汲於供、研、產、銷的過程營運;而真正的大公司或真正有志於做大公司的公司,必須致力於系統性地建構起一個要素完整、規模充分、執行協同的ECIRM結構。凡是不能建構起這樣一個完整結構的公司,都注定不能成為一個真正的大公司。

2.1.2　產業政策研究

1. 從國家政策大方向、策略方向去分析一個產業的前景

分析一個產業,首先就要看國家的政策大方向,這個產業所處的大環境。例如,中國明確提出了推動新興產業、先進製造業發展。因此相關的新興產業將長期受益,前景廣闊,比如綠色能源、節能環保、環境治理、5G、智慧裝置等相關產業。我們看一個產業,一定不能拋開這個產業所處的政策環境。多關注相關政策網站及各大財經網站,了解當今產業政策。

2. 看這個產業的規模

關注一個產業,也要思考這個產業的規模。產業圈子越大(如服裝、醫藥),意味著這個產業可以深入擴張,你的選擇機會就越多,在

這個領域有越多的發展機會。產業越小，一旦離開某個公司，或者某個地區，選擇機會就越少。判斷一個產業的規模，可以看這個產業所服務的使用者群體，是大眾使用者還是某一類特殊使用者；可以看這個產業是否有地域限制；還可以看這個產業的產值規模，一般有機構公布相關資料。

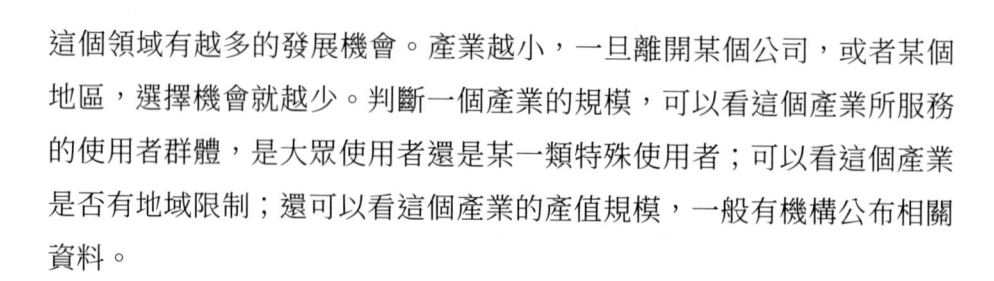

3. 看這個產業現在所處的發展階段

大部分產業都會經歷起步、成長、繁榮、穩定、衰落等幾個發展階段，很少有產業能夠經久不衰。快速成長期和繁榮期是一個產業的黃金時期。例如，行動網路處於成長期，PC 網際網路處於繁榮期和穩定期。現在如果要你選擇從零開始進入這兩個領域，你會選擇前者，還是後者？

4. 看這個產業的上市公司股票走勢及一些相關經濟指標

股價是產業景氣度的先行指標。上市公司的股價走勢一定程度上反映了這個產業未來的景氣度。這些相關的資料和經濟指標，可以透過股票軟體或國家主計單位官網等尋找到。另外，某些產業可以透過一些經濟指標來反映產業的景氣度，比如有色金屬產業可透過美元指數走勢來反映；發電量的變化一定程度上反映了製造業的景氣程度；房屋銷售情況，可以反映出與之相關的居家裝飾、建材等產業的成長情況。

5. 透過這個產業的龍頭公司及產業頂尖人物的言論來分析

了解一個產業，要了解這個產業的龍頭公司有哪些，以及有哪些關鍵人物。多關注他們的一些演講及在公開場合的發言、社群網站發文及部落格更新。因為他們在這個產業具備一定的話語權，他們的一些看法往往代表了這個產業的發展方向。

2.1.3 產融結合

假設你是一位創業者，你創立了一家公司，這一家公司剛起步的時候很小，是小 a。這時候你需要尋找基金公司為你做天使輪、A 輪、B 輪、C 輪的投資，由基金公司投資孵化小 a，小 a 會慢慢成長壯大，成為一個大 A 企業。這個時候，對於創業企業大 A 來說，未來的出路有兩條，一條是走向 IPO（首次公開募股），就是最後成為上市公司，另一條是可能 IPO 不合算，或者走不到 IPO，被上市公司收購實現創業的價值，或者加盟上市公司平臺。對基金公司來講，它對你投資，讓你的小 a 壯大以後，以合適的方式退出從而獲得投資收益。

在創業企業小 a 創業和成長的過程中，上市公司扮演什麼角色？它們是產業的過來人，比較了解公司在經營管理上會碰到哪些問題，而這些對基金公司來講是不熟悉的，基金公司只會給小 a 錢以及其他一些指導。小 a 在經營中遇到的具體問題，上市公司會比較了解，如果它們能介入，一起孵化小 a 的成長，對小 a 長成大 A 是有幫助的，因此創業者如果能有上市公司的關係是比較好的。這就是 FLA 模型（見圖 2-10），F 代表基金公司（Fund），L 代表上市公司（Listed Company），A 則代表創業企業。

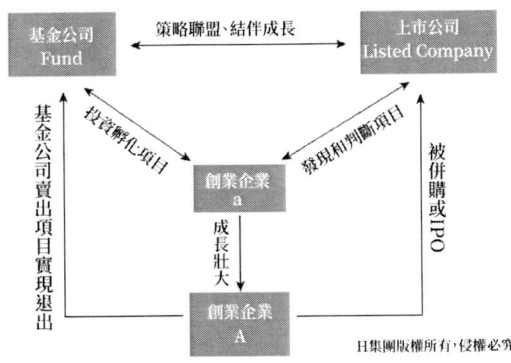

圖 2-10　H 集團商學的原創思想與方法論：創業企業成長的 FLA 模型（來源：H 集團）

第 2 章　策略引導的目標設定與目標分解

　　為什麼要成立一支產業基金呢？回到 FLA 模型之中。有很多的小 a 創業企業，它們的存活機率是非常低的。因此，上市公司要找到風險基金公司去做早期孵化，另外作為一個上市公司，投資一個專案有資訊披露的義務，有各種監管要求，各方面都會受到制約，這個時候可以聯手產業基金公司，然後用風險基金公司去孵化一系列公司，當小 a 長到大 A 的時候，上市公司再進入這個目標領域將會是里程碑式的事件。

　　無論是投資方還是上市公司，還是在小 a 到大 A 路途上的公司，要把整個策略邏輯放到這個模型裡去思考就完整了。否則你的策略邏輯是有偏差的，片面的。根據我們來自第一線的商業實務觀察，在上市公司併購投資及與產業基金模式的互動策略上率先布局者，將率先走向未來。

2.2 從策略落實到目標，需做到這幾件事

將策略落實是連繫企業現實情況的橋梁，是企業實現理想的必經之路。當企業已制定出一個明確的策略之後，應該按以下步驟來達成策略的落實。

1. 分解策略目標

企業制定出來策略以後，首先需要分解策略目標，將整體目標分解為年度目標，然後再細分到季度、月度目標。將企業策略目標分解到部門目標，然後將目標層層分解到個人。策略目標分解使得企業各部門、各層級人員對企業的策略有了清楚的了解，同時也確立了個人目標，將員工的奮鬥目標與企業策略目標緊密地結合起來。

策略目標的分解可以藉助於策略地圖和平衡計分卡，策略地圖和平衡計分卡是指導企業落實策略的最重要的工具。在繪製策略地圖時，必須包括財務、客戶、內部流程和學習與成長四個面向，然後將策略目標分別納入，形成策略地圖的雛形。之後透過對策略地圖中分布於不同面向的這些策略目標進行因果和支持關係的分析，進一步篩選和補充相應的策略目標，並透過連線顯示它們之間互相的關聯性，最終為企業建立一個系統性的策略組合（見圖 2-11）。

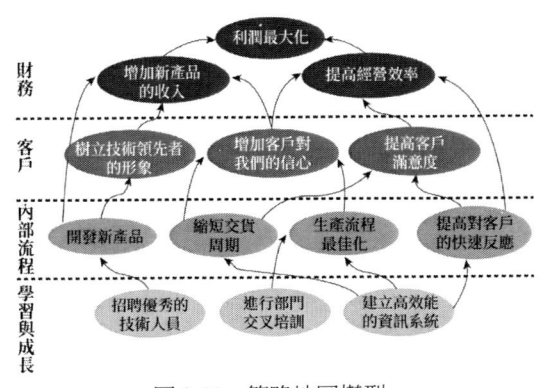

圖 2-11　策略地圖模型

第 2 章　策略引導的目標設定與目標分解

2. 制定策略實施計畫

策略實施計畫是企業為實施其策略而進行的一系列重組資源活動的彙整。透過有規劃的策略行動，企業將一步步向著策略目標前進，並最終實現目標，因此策略實施計畫對於策略是否能夠成功實現具有相當重要的意義。

很多企業的策略執行就像空中樓閣，沒有設定專門的部門及人員職位負責。大部分的員工只會為自己的 KPI 而努力，策略執行的效果就可想而知了。企業需要加快成立負責策略執行的部門及職位，找到合適的人員，以落實系統工程。

2.2.1　應該由一個部門全程負責，從組織目標到部門目標再到個人目標設定

理論上，根據企業規模大小的不同，應該由不同的部門負責將目標層層分解，最終到個人，如集團化控管的企業應該由策略規劃部負責，具有規模的企業應該由總裁辦公室負責，初具規模的企業應該由人力資源部負責。企業在實際管理中，未必能如此一一對應，但應該由某一個部門從頂層目標開始，依次層層分解到個體。

目前化策略目標為行動的工具，主流是採用平衡計分卡來進行策略目標的執行分解。

平衡計分卡是從財務、客戶、內部營運、學習與成長四個角度，將組織的策略落實為可操作的衡量指標和目標值的一種新型績效管理系統。設計平衡計分卡的目的就是建立「實現策略指導」的績效管理系統，從而保證企業的策略得以有效執行。因此，人們通常認為平衡計分卡是提高企業策略執行力最有效的策略管理工具。

成功執行策略的三個要素是：第一要素，描述策略；第二要素，衡量策略；第三要素，管理策略。**這三個要素的邏輯關係是：如果你不能描述，那麼你就不能衡量，如果不能衡量，那麼你就不能管理。**三個要素的關係是：**突破性成果＝描述策略＋衡量策略＋管理策略**。羅伯特·S·卡普蘭（Robert S. Kaplan）與大衛·諾頓（David Norton）共寫了三本書：《平衡計分卡：化策略為行動的績效管理工具》（*The Balanced Scorecard: Translating Strategy into Action*）、《策略核心組織：以平衡計分卡有效執行企業策略》（*The Strategy-focused Organization: How Balanced Scorecard Companies Thrive in the New Business Environment*）、《策略地圖：串聯組織策略從形成到徹底實施的動態管理工具》（*Strategy Maps: Converting Intangible Assets into Tangible Outcomes*），圖 2-12 展示了這三本書之間的關係。他們認為在當下的商業環境中，策略從來沒有顯得這樣重要過。但研究顯示，大多數企業仍不能成功地實施策略。在繁多的紀錄背後隱藏著一個無法否認的事實：大多數企業仍然在使用專門為傳統組織而設計的管理流程。

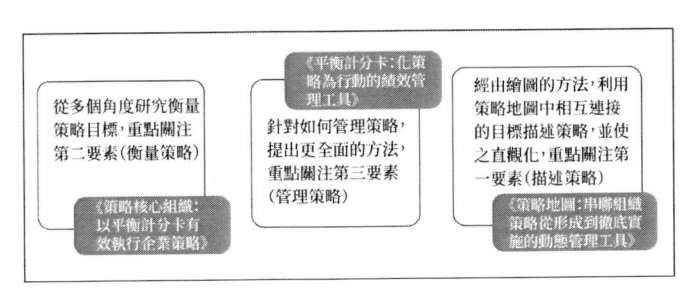

圖 2-12 平衡計分卡理論系統

在我輔導過的企業及大學中對策略目標的分解，都在用平衡計分卡來執行，而且從公司層面的組織目標，分解到事業部目標，再分解到部門目標，這一項工作是由策略規劃部在負責。而對員工的個人考核，則由人力資源部在負責。令人覺得奇怪的是，為什麼沒有一統到底呢？而

第 2 章　策略引導的目標設定與目標分解

且這種現象具有一定的普遍性。一方面，平衡計分卡的策略目標分解只分解到部門或二級子公司層面，沒有細分到全員，因為分解不下去。另一方面，HR 對員工的績效考核用的是 KPI，KPI 有一個鮮明的特徵是量化，不能量化的就不納入考核指標，而作為策略目標的很多內容是無法量化的，尤其是管理變革、創新、學習與成長、建立團隊等，這些內容由於之前沒有人做過，也就無法進行精確的衡量，因此無法考核。這就導致 HR 在設定績效考核時，只能選擇一些能夠量化的指標進行考核，甚至為了考核而考核，造成的結果就是平衡計分卡的目標不能完全落實，也無法形成全部的考核指標。此外，HR 對業務不熟悉，也沒有參與業務，更無法提供有效的意見。

策略規劃部負責的是組織的目標分解，HR 負責員工個人的績效考核，考核工具用 KPI。這會出現一個問題，員工是做組織的目標還是做考核自己的 KPI？ 答案一定是員工只做與考核相關的工作，也就是說，員工會先完成自己的 KPI，完成了自己的 KPI，才會想到組織的目標。而組織的目標由誰來完成呢？主要集中在各部門負責人的身上，因為目標只分解到各部門，至於各部門如何分解，則是由各部門自行分解，策略規劃部不再細分了。

那麼問題來了，部門負責人承擔了本部門的目標任務，如果是業務性指標還比較容易分解到個人，如果是非業務性指標，就很難分解到個人，那就要靠部門負責人來承擔。從平衡計分卡細分下來的 4 個指標面向，落實到部門負責人身上，也有 10 多個指標，而工作又不是負責人自己能做得完的，這樣就會造成臨近考核時，大家都在突擊，做各種報表，或到處催討其他部門的資料。導致考核工作不是一種常態，而是一場任務，一種形式。

由策略規劃部負責細分組織目標，而由人事部負責考核執行時，這樣就形成了兩張皮，從組織到事業部到部門的目標，但沒有落實到員工個

人，就會造成中高層忙翻，基層茫然，不知道上面管理者在忙什麼。造成的結果，就是效率低，目標沒有傳遞到員工個體，個體沒有被激發。這也就造成，公司目標沒有完成，執行力差。員工只做公司考核的項目，如果做的工作和考核的不是同一件事，只會造成卸責、推諉。根本原因是兩個部門的各司其職。因此無論是哪一個部門領頭，都應該將組織目標分解到事業部目標──部門目標──個體目標，並納入考核系統，真正做到上下一致，確保目標能夠被貫徹到底，真正形成回饋循環。

2.2.2　策略規劃部與人力資源部聯合貫徹目標

前面講到，策略規劃部負責組織目標的制定與分解，一直分解到部門，人事部門負責員工的績效考核。二者之間沒有交集，導致的結果就是，**組織的整體目標只分解到部門，並沒有落實到員工，員工所做的是績效考核設定的工作，並不是目標分解後的工作，這就形成了想要做的工作，與考核的工作並不統一的現象。**這種割裂局面，就導致執行不確實，目標不能有效落實。

如果要打通到員工，將目標分解到部門裡的每一位員工，那就要根據每一位員工的職位、職能，以及擅長的技能，進行目標細分。

首先，部門主管承擔的績效目標要在下屬身上找到承接點，而不是由部門主管一人來承擔，否則會導致下屬員工不承擔任何壓力。這時候，部門主管要梳理每一個下屬員工的職位、職責，確定下屬員工中誰與部門的績效目標有關（或分析該職位在部門業務流程中扮演的何種角色），下屬員工所承擔職責的比例（或下屬員工在部門業務流程中扮演角色的重要性）是多少，這樣部門的績效目標就可以分解給下屬員工，從而做到上下一一對應。比如行銷總監的銷售收入額要由多個業務經理來共同承擔；如果業務經理需要完成新產品的銷售任務，那麼業務部門的員

第 2 章　策略引導的目標設定與目標分解

工就不能只是銷售舊產品，同樣需要銷售新產品。下屬員工的目標是上級主管目標的進一步細化和延伸，在進行目標分解時，要把這些細化、相關聯的措施都找出來，這樣下屬員工的績效目標就更有效地支持上級主管的績效目標的實現。再比如行銷總監的考核指標是銷售收入，業務經理就必須提高銷售收入，提高客戶滿意度；而業務人員則要完成具體的銷售收入、開發客戶數量、拜訪客戶數量、服務客戶數量、減少客戶投訴等指標。越是基層員工，越要透過具體的行為和明確的態度來完成具體的績效目標，像拜訪客戶、服務客戶等就屬於過程性指標（也稱為GS行為指標），基層員工每天（每週、每月）的日常行為必須支持上級主管的績效目標（見圖2-13）。又比如，依據客戶滿意度調查，公司設計了「客戶滿意度提高10%」的考核指標，那麼我們可以為部門設計「交付週期縮短20%」的考核指標，為員工設計「每日預計出貨數量增加4%」的考核指標，這樣各層指標之間就有了一致性。

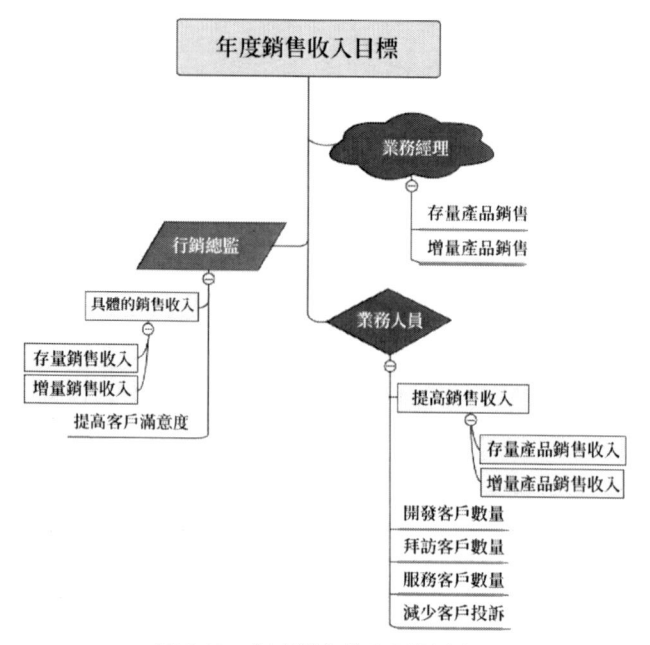

圖 2-13　年度銷售收入目標分解

其次，目標分解必須考慮到員工是否可控。比如利潤率指標，通常不是行銷總監能完全控制的，這個指標還涉及管理費用、採購成本、損耗成本、生產成本、研發成本等，因而這樣的指標就需要由更高層的主管來承擔了。像銷售收入、銷售費用、銷售毛利率等指標，行銷總監是可以直接控制的。同樣像交貨期指標因為涉及生產、技術研發、品質管制、供應鏈、設備技術、能源供應等環節，就不是生產經理所能控制的了，也應該由更高層的主管來承擔（見圖2-14）。

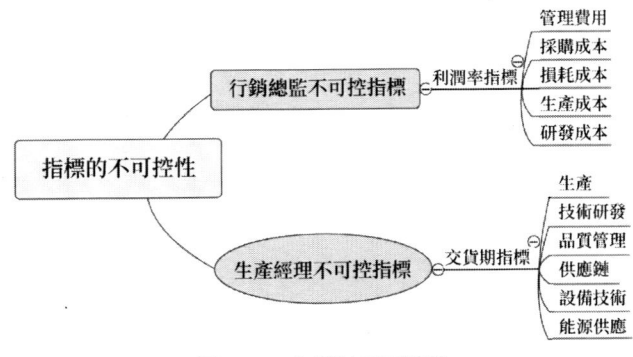

圖2-14　指標的不可控性

最後，績效目標的分解需要上、下級之間大量地溝通、研討、分享資訊，指標設計既要突顯重點，又要展現管理層級的工作重點，同時還要兼顧可控性、一致性、承接性。透明的公司策略能讓每一位員工都了解公司的發展方向，理解公司策略的真正含義，了解公司期望員工的行為方式，這樣員工在日常工作中執行公司的策略目標時，就不會偏離公司策略，在執行績效的過程中也能自動校正自己的行為，使其符合公司規範。透過大量研討，保證設計績效指標的合理性、科學性，這樣員工承擔績效指標時，不僅知道採用什麼策略去完成，還知道將這些策略付諸每週（每日）的具體行動，每個人都為自己的計畫而努力工作著，每個人的工作充實而緊張。

第 2 章 策略引導的目標設定與目標分解

當目標能夠貫徹到達每位員工時，相應的考核指標也要作變更。很多 HR 在設定 KPI 時，往往只關注是否量化，是否數值化。但很多工作是不能用量化指標來衡量的。因此在考核指標設計時，要跳出 KPI 的僵化邏輯。**前面講過，管理就要可衡量，能量化盡量量化；不能量化，就要細化；不能細化，就要流程化。**按照這三個衡量標準，就可以在目標細分到個人時，找出可衡量的指標。

為了貫徹目標，落實到個體，策略規劃部要再將目標細分下去，直至所有部門的所有員工。而人力資源部則根據每一個員工分解到的目標任務，根據量化、細化、流程化的原則，指導各部門制定出每一個員工的考核指標，這樣的聯手，就能真正解決目標分解，並將其落實到個人，上下同欲，這樣的執行才能真正激發出強大的活力和戰鬥力。

2.2.3　將組織目標一直分解到基層部門

將組織目標分解到部門時，通常縱向一致可以透過職責矩陣分析表（見表 2-1）來完成。可以從部門的關鍵職責／產出，尋找部門產出中能夠支持組織目標的關鍵職責。

表 2-1　某組織的職責矩陣分析表

	財務類				業務類				客戶類	
	銷售額	生產成本	銷售費用	管理費用	市場占有率	計畫制定準確	品質達標	數量達標	客戶滿意度	內部滿意度
總監											
市場總監	√		√	√	√	√			√	
生產總監		√		√			√	√		
研發總監				√				√		

	財務類			業務類			客戶類	
財務總監			√		√	√		
中心經理								
行銷中心經理	√		√	√	√		√	
生產中心經理		√		√		√	√	
部門經理								
市場部經理			√	√	√			
產供部經理		√		√	√	√	√	
人力資源部經理			√					√
法務部經理			√			√		√
科學研究部經理			√		√	√		√
財務部經理			√		√			√
行政部經理			√		√			√
品管部經理			√		√	√	√	√

因為組織中每一個部門都有其存在的理由和價值，行銷部門的使命當然是要履行行銷方面的工作，生產部門的使命當然是要履行生產方面的工作，技術部門的使命當然是要履行技術研發方面的工作，其他部門也是如此。同樣，我們就可以把組織目標分別分解到相關部門。比如新產品收入比重指標可以分解到行銷部門，涉及生產目標的則分解到生產部門。這些目標都是部門關鍵職責所在，是部門可以直接控制的，從而成為部門的關鍵績效指標。

再比如降低營運成本目標，需要分解給多個部門（見圖2-15）。如何把這樣的目標分解到各部門，就需要認真審查各部門的職責，看看每一個部門的職責中有無此項工作內容。

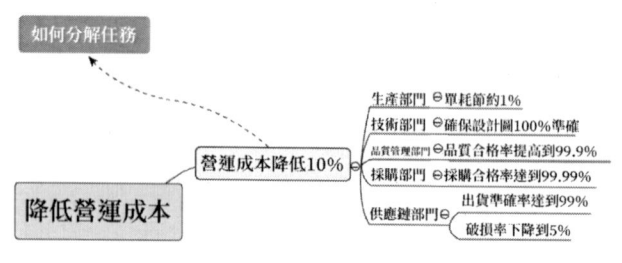

第 2 章　策略引導的目標設定與目標分解

```
                          生產部門 ── 單耗節約1%
                          技術部門 ── 確保設計圖100%準確
         營運成本降低10%   品質管理部門 ── 品質合格率提高到99.9%
降低營運成本              採購部門 ── 採購合格率達到99.99%
                          供應鏈部門 ── 出貨準確率達到99%
                                    ── 破損率下降到5%
   如何分解任務
```

圖 2-15　目標分解 —— 降低營運成本

從生產部門職責、技術部門職責、品質管理部門職責、採購部門職責、供應鏈部門職責中，我們都可以找到跟營運成本有關聯的職責。確定了部門以後，再確定各部門在這個目標中承擔什麼樣的責任。

把目標落實到各部門後，還需要確定各部門目標是否達成了橫向協同，價值創造的方向是否一致，各部門能否相互支持和配合。如果各部門的目標相互衝突，造成嚴重內耗，這樣的目標分解就不能保證組織策略目標的完成。

橫向協同則可以透過內、外部客戶需求分析表來完成。在當今強調以客戶為中心的時代，客戶的需求就是目標，實現和滿足客戶的需求，就是在創造價值，內部客戶也是客戶。如圖 2-16 所示為價值鏈模型。價值鏈中、下游部門要求什麼樣的服務，上游部門就應該提供相應的服務。各部門和平行職位就是在價值鏈上、下游的各個環節中創造不同的價值，每個環節所創造的價值方向要一致，最終滿足客戶的價值需求。

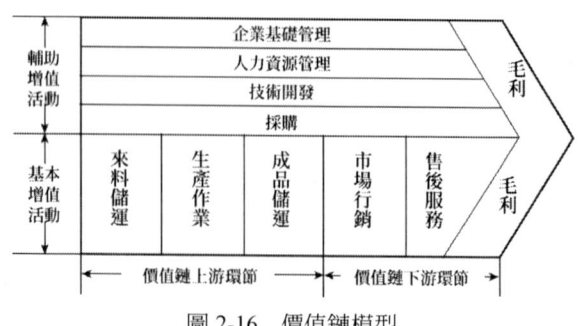

	企業基礎管理	
輔助增值活動	人力資源管理	毛利
	技術開發	
	採購	
基本增值活動	來料儲運 | 生產作業 | 成品儲運 | 市場行銷 | 售後服務	毛利
	價值鏈上游環節　　價值鏈下游環節	

圖 2-16　價值鏈模型

2.2.4 防止部門目標自行分解，導致缺乏整體性和系統性

策略規劃部對組織目標進行分解，層層分解到各事業部、各部門，在整個目標分解的過程中，策略規劃部是領頭主導部門，相對而言，將目標分解到二、三級部門還是比較容易的，因為二、三級部門最多也就幾十個，但一旦由部門分解到員工，這個工作量就很大了，策略規劃部很難有精力顧及，經常就把分解目標的任務交給最基層的部門。而問題也就在這裡，從組織目標層層分解到二、三級部門，相對還是比較有系統的，但由部門再分解到個人時，如果策略規劃部放手，可能一下子就放開了，造成各部門的自由主義。等各部門收齊每個人分解的目標，再交由策略規劃部稽核時，面對那麼多人的目標分解，策略規劃部就會像陷入泥潭一樣了。

如何確保策略規劃部能夠收放自如呢？

答案是，先做好沙盤演練，也就是將二、三級部門的目標，再向下分解到最小單元，分到不能再細分為止，這樣所有最後細分的目標就會變成一個個任務，然後再由部門中各職位的人，以職位、職責、所擔任的角色為區分，進行認領。這樣就不會造成因為各自理解的角度不同，對目標產生不同的認知，也避免了各自發揮、難以聚焦、重點不明確的問題。

不是所有的目標都能成為 O。

不要簡單地以為，將目標層層分解了，就是找到了 OKR 的 O 了，在我所寫的《目標與關鍵成果法：盛行於矽谷創新公司的目標管理方法》一書中已提出，目標 ≠ O，只有有野心有挑戰的目標才是 O。那為什麼要把目標全部分解到最小單元？因為「不謀全局者，不足謀一域」，只有胸有大局，才會有高格局，才能配上有野心、有挑戰的 O。

2.2.5　員工個人績效應涉及組織目標，不能只有 KPI

現實工作中，很多公司沒有將公司的整體策略目標有效傳達到員工層面，產生這種結果的原因有兩個方面。一方面是前面講到的目標分解在大型企業是由策略規劃部只分解到部門，沒有貫徹到員工層；另一方面是在公司高層管理者的頂層設計中，大多只關注業績指標和 ROE（股東權益報酬率）成長率，因此就造成大多數企業在制定目標時，很少考慮團隊成長、創新發展、業務模式創新，等等。

KPI 是為了讓工作各環節都被關注到，並且監控到各項資料，以便進行分析，就像財務報表一樣，只是經營資料的反映而已。**真正能夠解決企業經營問題的是提升經營業績**，還是要落實在「**公司策略、組織設計、商業模式、產品、投融資、團隊組織**」等**方面**。而這些就需要公司的組織目標，透過層層分解落實到部門，再將本部門的目標不斷細分到最小單元，直到無法再細分，然後再按本部門各職位的職能和職責，分解到相關責任人，形成考核指標。

過去，因為部門目標沒有貫徹到個體，所以考核就只能是一些基本面的 KPI 考核，與員工的全部工作不能形成緊密的關聯。現在，部門目標能夠細分到每一個職位，這樣當由目標能轉化為每個職位的具體任務時，考核也就變得更加有效，而目標的執行，則透過任務的形式分解到每一個職位，就使得考核可以有效結合到工作目標的執行。

2.3　目標分解的 3 種邏輯失誤

目標分解中常用的 3 種概念是：**流程化、職能化和時間化**。在 MBO 和 BSC 管理的時代，這 3 種思考模式，作為目標分解的邏輯，再配合魚骨圖、心智圖等工具，非常流行。這 3 種概念，都有一個共通性 —— 線性思考。

線性思考的一大特點就是：把問題相關的方面進行順次排列，進行一對一的銜接。線性思考往往是一步一步推演問題，認為事物是按照無二的順序性或者邏輯性發展變化。

線性思考的方式，首先容易讓我們陷入局部性，不能從更廣闊的角度理解世界。更重要的是，陷入線性思考的人，其實是在和電腦競爭。而今天，電腦對知識的蒐集、儲存、檢索能力，人類早已望塵莫及。

為了更容易理解線性關係和非線性關係，借用大前研一所著《思考的技術》一書裡的一個例子進行說明：假設在微風的狀態下，一個蘋果從樹上掉落，套用萬有引力定律，我們可以計算蘋果掉落的速度及方位，這裡的蘋果和重力是一種線性關係。同樣在微風的狀態下，一片樹葉從樹上掉落，套用萬有引力定律是無法得出樹葉掉落的速度和方位的，因為樹葉掉落的速度和方位會同時受到風力的大小、樹枝形狀、樹葉形狀等因素的影響，這裡的樹葉和重力是一種非線性關係。

再比如銀行存款，存款越多，利息收入越高，存款和利息收入是線性關係。如果換做股票投資，投入資金越多，收益不一定越高，也有可能虧得越多，股票的資金和收益就是典型的非線性關係。

大前研一在《思考的技術》一書裡還提到一個例子：政治學家、經濟學家皆為線性思考，他們認為「提高利率會使經濟更為低迷」。但是從比

爾‧柯林頓（Bill Clinton）時代開始，美國持續提高利率，經濟卻持續復甦。日本為了抑制通貨緊縮而不斷提高貨幣供應量，結果導致更多的貨幣流向美國。

市場是個複雜的系統，經濟的成長和衰退不是由單一因素決定的，往往涉及數百個變數，而且時間的函式隨時隨地都在變化，所有答案絕對不是唯一的。

線性思考就是套用公式、複製理論，在既定的框架裡面思考。而非線性思考則根據場景靈活變通，跳出既有框架進行思考。遇到複雜問題，過往的知識和經驗有可能成為限制自己的束縛，我們只能刻意提醒自己不要輕易下結論，多嘗試不同的角度進行思考。

線性關係存在於理想世界中，非線性關係存在於現實世界中。大千世界是非線性的，動態變化的。擺脫線性思考的限制，需要我們認清現實世界的複雜性，不斷打破思考慣性。

2.3.1 目標分解的流程化概念

在我們的實際工作中，很多事情都可以透過流程化概念來幫我們梳理。可以透過一個使用者在產品上的完整使用流程來判定我們可以在哪些環節上下功夫；可以透過畫出一個營運活動的流程圖來羅列各個環節應該做的事，應該分配的資源，應該監測的資料，等等。

流程化概念就是用心智圖等工具畫出做事的完整流程，這樣可以做到思路清晰，邏輯清楚，並且可以保證在不脫離主線的基礎上拓展概念。例如，人事部工作流程圖如圖 2-17 所示。

2.3 目標分解的 3 種邏輯失誤

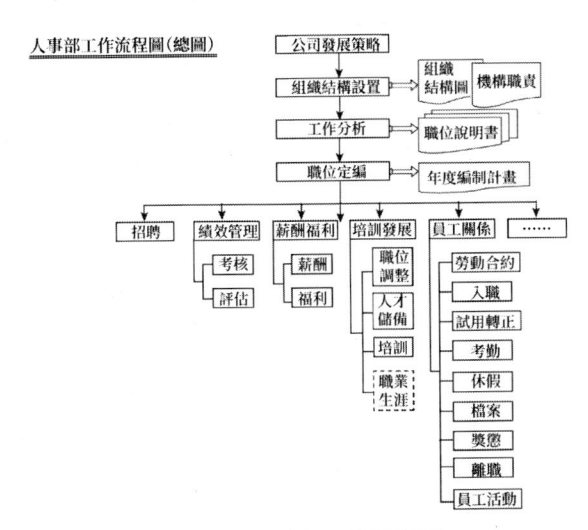

圖 2-17　人事部工作流程圖

作為流程而言，一旦設定後，就會相對定型，而人們一旦從心裡接受後，就會產生慣性思考，一切都按照流程的設定進行，是流程約定的，就必須遵守。常規流程可以保證日常的工作都有序進行，因此就會形成路徑依賴，進而就很難走出固定的思考模式。

而 OKR 則不是，因為 OKR 是要設定有挑戰性的目標，目標設定就要與眾不同，所以 OKR 的 O 在分解時，就不能按流程化的思考進行目標分解，否則很難跳出固有的框架，也就不會有可挑戰性。

如對 HR 的工作，就要找出哪些工作是已做過的，哪些工作是還沒有做過的，O 就是要做從沒做過的，這樣才能有挑戰性。例如，招募困難是企業面臨的很大的挑戰，那就要設計有挑戰的 O，如建立公司專用人才庫、發起專項技術論壇或高峰會、加入專業人士的社交群組等，就是突破了常規招募的手段（線上招募網站、找獵頭、內部推薦、社群發文、現場招募會、校園招募等）。

2.3.2 目標分解的職能化概念

職能化概念是指將與某一項工作有關的各部門的職能結合在一起,做好這一項工作,需要相關部門的配合才能完成,確立各個職能部門的職責及要承擔的責任,並指定專案負責單位(或負責人),確保各司其職,以保證完成該項工作。例如,人才培養目標,涉及培訓部門和人力資源部門以及各業務部門(專業訓練)。為了使人才培養獲得盡可能最佳的整體效果(費用的投入要少,人才培養的數量要盡可能多,品質要盡可能好),協調各部門的相互關係極為重要。

按職能分解,就是要有各部門通力合作才能完成的工作。表 2-2 展示的「ISO9001 品質管理系統」檢核檔案,按不同的職能部門列出各自在標準系統中要做什麼工作,擔當主要職能還是次要職能的分工,各司其職,透過職責分工來分解目標,而職責是在職位設定時就已確定的。且不說目前大多數企業對於品質管理系統並不重視,就是這種工作分配方式,很難取得有突破性的成就,只是日常工作。

表 2-2　職能分配表

職能部門 ISO9001 系統要求	總經理	管理者代表	IT資訊科技中心	品質管制部	人力資源行政中心	A-BU事業部	營運中心	訂單商務部	物流部	營運採購部
4.1 總要求	▲	▲	△	△	△	△	△	△	△	△
4.2.1 總則	△	▲	△	△	△	△	△	△	△	△
4.2.2 品質管理手冊	△	▲	△	△	△	△	△	△	△	△
4.2.3 檔案控制	△	△	△	▲	△	△	△	△	△	△
4.2.4 紀錄控制	△	△	△	▲	△	△	△	△	△	△
5.1 管理承諾	▲	△	△	△	△	△	△	△	△	△
5.2 以顧客為關注焦點	▲	△	△	△	△	△	△	△	△	△

2.3 目標分解的 3 種邏輯失誤

職能部門 ISO9001 系統要求	總經理	管理者代表	IT資訊科技中心	品質管制部	人力資源行政中心	A-BU事業部	營運中心	訂單商務部	物流部	營運採購部
5.3 品質管理方針	▲	△	△	△	△	△	△	△	△	△
5.4.1 品質目標	▲	△	△	△	△	△	△	△		△
5.4.2 品質管制系統策劃	▲	△	△	△	△	△	△	△		
5.5 職責、許可權與溝通	▲	▲	△	△	△	△	△	△		△
5.6 管理評審	▲	△	△	△	△	△	△	△		
6.1 資源提供	▲	△	△	△	△	△	△	△	△	△
6.2 人力資源	△	△	△	△	▲	△				
6.3 基礎設施	△	△	▲	△	△	△	△		▲	△
6.4 工作環境	△	△	△	△	▲	△	△			
7.1 產品實現的策劃	△	△	△	△	△	▲	△	△		△
7.2 與顧客有關的過程	△	△	△	△	△	▲	△	▲	△	△
7.4.1 採購過程		△	▲	△	▲	△	△	△		▲
7.4.2 採購資訊		△	▲	△	▲	△	△	△		▲
7.4.3 採購產品的驗證		△	▲	△	▲	△	△	△		▲
7.5.1 生產和服務提供的控制		△	△	△	△	▲	▲	▲	▲	△
7.5.2 生產和服務提供過程的確認		△	△	△	△	▲	▲	△		△
7.5.3 標識和可追溯性		△	△	△	△	△	△	▲	▲	△
7.5.4 顧客財產		△	△	△	△	△	△	▲	▲	△
7.5.5 產品防護		△	▲	△	△	△	△	△	▲	△

第 2 章 策略引導的目標設定與目標分解

職能部門 ISO9001 系統要求	總經理	管理者代表	IT資訊科技中心	品質管制部	人力資源行政中心	A-BU事業部	營運中心	訂單商務部	物流部	營運採購部
7.6 監視和測量設備的控制		△	▲	△	△	△	△	△	▲	△
8.1 總則	▲	△	△	△	△	△	△	△	△	△
8.2.1 顧客滿意	△	△	△	△	△	▲	△	△	△	△
8.2.2 內部稽核	△	▲	△	▲	△	△	△	△	△	△
8.2.3 過程的監視和測量		△	△	▲	△	△	▲	△	△	△
8.2.4 產品的監視和測量		△	△	▲	△	△	▲	△	△	△
8.3 不合格品控制		△	△	▲	△	△	▲	△	△	△
8.4 資料分析		△	△	▲	△	△	△	△	△	△
8.5.1 持續改進	△	▲	△	△	△	△	△	△	△	△
8.5.2 糾正措施		△	△	▲	△	△	▲	△	△	△
8.5.3 預防措施		△	△	▲	△	△	▲	△	△	△

注：▲為主要職能，△為次要職能。

以符合品質管理系統為例，什麼才是有挑戰性、有突破的工作呢？應該是品質管理系統整體的品質目標，如「少於萬分之一的投訴、實現六標準差、上線 BUG（漏洞）少於 5 個」，這些目標要有比之前更高的標準，也是業內的最高標準，這樣才算是有挑戰的 O。按職能劃分，因為各司其職，會造成部門間不主動配合，也不會承擔職責以外的工作。

而 OKR 的目標設定及分解，更加關注目標的可挑戰性，既有來自上級的 KR 作為自己的 O，還有可以自己提出的 O，正是因為有上、下級 O 的結合，可以讓每一個員工都有機會做自己想做的事，從而使得 OKR 更具有激勵的作用。

2.3.3 目標分解的時間化概念

目標與時間是緊密連繫在一起的。為了實施有效的控制，掌握目標進度，需要把整體目標按照實現它的時間順序，分解成為不同階段、不同時間的目標。這就是目標按時間關係分解。如由長期目標、中期目標、短期目標所構成的目標系統就屬於這種分解形式。同理，也可能將年度目標分解成為季度目標、月目標或日目標。

按時間分解目標，作為進度來呈現，就是甘特圖（見圖 2-18），如果單獨用甘特圖來分解目標，只是做了進度表而已，並不能對目標是否有挑戰性產生影響，因此在目標分解時，不能單獨使用，可以配套到每個 KR 上，標記每個 KR 的完成節點，而 O 是因為以長期的一年為週期的目標，所以在目標分解中，不建議用甘特圖來分解 O。

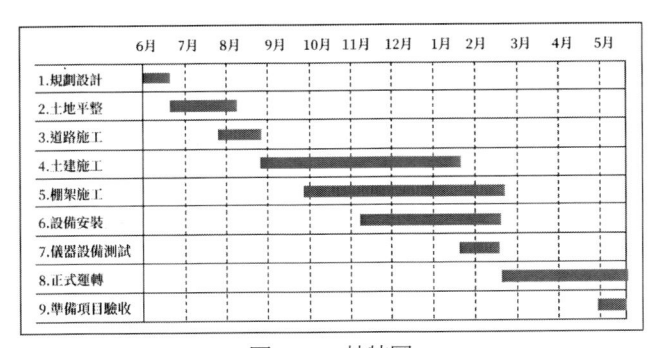

圖 2-18　甘特圖

OKR 在目標設定及分解過程中，是以季度為週期進行，而 KR 則是每週追蹤，每月總結，每季度評估。因此 OKR 在目標分解和實施過程中，對 KR 還可以隨時替換，這就更能展現出 OKR 為了實現目標，而可以不斷試錯的過程。

流程化是為了提高效率，為了更妥善地生產產品，但是做著做著，就忘了產品。這個世界，光靠流程和制度做不出好產品。所有創造可觀

第 2 章　策略引導的目標設定與目標分解

價值的人，都具備以下能力：在連續性中看到非連續性；在非連續性中看到連續性。非連續性是指未來的發展趨勢不再符合過去發展方向的假設，從而形成一種非連續性的發展路線。

職能化是為了各部門的協同工作，是為了提高效率，但做著做著，就出現了推諉、卸責的現象，各自為政，非但沒有提高協同效率，反而增加了內部的消耗，尤其是次要職能的部門，因為只是配合部門，大多是被人拉來配合的，對於這一項工作並不認為是部門自己的必要工作，所以不會太用心去做事。而在 OKR 的語境中，設定有挑戰性的目標，也還會有 60% 至 70% 的成功可能，所以不用心地做事，是不能被納入到 OKR 系統的。

時間化是為了檢驗進度，以及階段性的工作所完成的時間節點，也就是標明產出的時間。做著做著，就會發現有些工作在規定節點是能夠完成的。時間節點，是可以由人們掌控的，並不具有可挑戰性，在 OKR 的語境中，可挑戰性的工作更多還是聚焦在事上，純粹地將時間提前，並不能帶來工作上的質的變化，因此就不要用時間來分解目標。

[008] 這些關鍵的 KPI 和流程，能使企業按照既有方向高效運轉，卻是企業無法靈活快速創新的根本原因。每增加一個執行的流程，就等於增加了一條防止逃逸的繩索，於是企業創新就少一點。而 OKR 就是要透過非連續性思考，尋求創新突破之道。

---

[008] Steve Blank. Why Companies are Not Startups［EB/OL］.［2014-03-04］. https://steveblank.com/2014/03/04/why-companies-are-not-startups/

2.4 貫徹組織的目標

在組織對目標進行分解時，一般分為兩類，一類是銷售業績目標，這一類目標從企業層面的業績目標開始，按企業業績目標－主管業務副總的目標－業務總監的目標－業務經理的目標－業務團隊每個人的目標這一條路徑層層分解，最終拆分完成整個企業的業績目標。還有一類是管理效率目標，此一類目標由高層設定幾個管理目標或要求，再一路分到分管副總，再到具體負責的部門，至於部門內部如何分解，基本上由部門負責人自行分解了。

這樣分解的銷售業績目標，主要是依據業績指標，按慣性思考的方式，根據以往三年的資料，推估出一個成長比例，然後按這個比例進行目標設定，同時業務團隊自己擬報下一年的成長目標，然後再與業務團隊進行上下溝通，最後由 CEO 拍板定案。這樣的目標分解，其實都是一個賽局的過程。

對管理效率目標的分解，就很難像對銷售目標那樣細分了。高層提出了一個管理效率目標，其實從 CEO 到分管副總再到部門負責人，對這個管理效率目標並沒有實際執行過，也沒有清楚的概念。這樣就只能先接下任務，然後慢慢思索，再提出方案，再討論，再修正。所以這樣的管理效率目標就很難再細分下去，當一個目標沒有細分到最終可以用於評估的結果時，其實這個目標往往就很難確實執行了。

在目標分解的過程中，目前很多企業拿出的目標分解圖都是五花八門的，而目標的分解基本上都只是分到二層或三層，沒有再細分。

如圖 2-19 所示，目標是為了「提高管理水準，打造優秀團隊」，依據這個目標進行一級目標分解，分解出五個一級目標和分別與一級目標對應的二級目標，如表 2-3 所示。

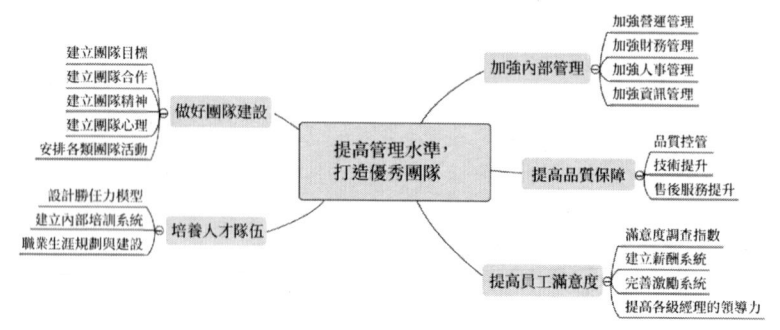

第 2 章 策略引導的目標設定與目標分解

圖 2-19　分解「提高管理水準，打造優秀團隊」這一項目標

表 2-3　一級目標和對應的二級目標

一級目標	二級目標
1. 加強內部管理	1.1 加強營運管理 1.2 加強財務管理 1.3 加強人事管理 1.4 加強資訊管理
2. 提高品質保障	2.1 品質控管 2.2 技術提升 2.3 售後服務提升
3. 提高員工滿意度	3.1 滿意度調查指數 3.2 建立薪酬系統 3.3 完善激勵系統 3.4 提高各級經理的領導力
4. 培養人才團隊	4.1 設計勝任力模型 4.2 建立內部培訓系統 4.3 職業生涯規劃與建設

一級目標	二級目標
5. 做好團隊建設	5.1 建立團隊目標 5.2 建立團隊合作 5.3 建立團隊精神 5.4 建立團隊心理 5.5 安排各類團隊活動

目前絕大多數的企業，在目標分解時，都只是分解出部門級目標，然後由部門再自行分解，往往沒有具體要求細分到每一個職位。另外在絕大多數企業，**高層管理者已形成了「只要結果，不求過程」的慣性思考**，還以為是著眼大局，充分授權。

長此以往，企業高層管理者只會做決策、提要求，但無法深入具體到業務和管理一線。高層管理者清楚有這樣或那樣的問題，所以對下屬提出要求，但下屬的認知不具有穿透力，無法提出有高度的意見，因此提出的方案，總是達不到高層管理者的要求和期望，同時，高層管理者自己也不知該如何解決。可見，在這樣的環境中，部門目標讓各部門自行分解，就會造成目標在向下分解的過程中，不斷衰退，最後只能草草了事。

2.4.1　每一個目標用金字塔原理分解到第六層

一直以來由於企業管理階層的慣性思考，目標只是分解到第二、第三層，然後就交給各事業部、各部門再細分下去，由部門再往下細分到每一個員工，沒有真正被落實，導致的結果就是目標沒有被貫徹，散落一地。

絕大多數企業在目標分解的過程中，缺少系統性思考和工具應用，造成的結果就是自由發揮，呈現出完全不同的風格，並且存在內容條目之間的交錯、重複、遺漏等問題。在此，我介紹一個有效工具：金字塔原理。

第 2 章 策略引導的目標設定與目標分解

1. 金字塔原理是什麼

在芭芭拉·明托（Barbara Minto）所著的《金字塔原理：思考、寫作、解決問題的邏輯方法》（*The Minto Pyramid Principle: Logic in Writing, Thinking and Problem Solving*）一書中介紹了一種清楚展現想法的方法，能夠讓我們重點明確，邏輯清晰。用一句話說，金字塔原理就是，任何事情都可以歸納出一個中心論點，而此中心論點可以由 3 至 7 個一級論據支持，這些一級論據本身也可以是一個論點，各自被 3 至 7 個二級論據支持，如此延伸，狀如金字塔，如圖 2-20 所示。

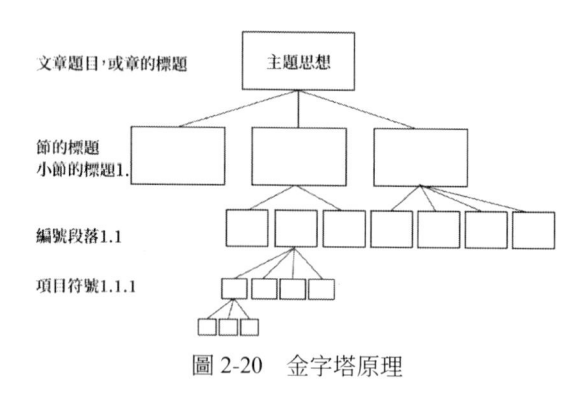

圖 2-20　金字塔原理

2. 金字塔原理的基本結構

金字塔原理的基本結構如下：

- 結論先行：每一篇文章、每一次論述只有一個中心思想。
- 以上統下：每一層次的思想必須是對下一層次思想的總結概括。
- 歸類分組：每一組中的思想必須歸屬於同一個邏輯範疇。
- 邏輯遞進：每一組中的思想必須按照邏輯順序排列。

先重要，後次要；先總結，後具體；先框架後細節；先結論後原因；先結果後過程；先論點後論據。

自上而下表達，自下而上思考，縱向總結概括，橫向歸類分組，用

序言講故事，用標題濃縮思想精華。

對受眾來說，最容易理解的順序是先了解主要思想，然後是次要的，主要思想從次要思想概括總結得出，文章中所有思想的理想結構必然是一個金字塔結構──由一個整體的思想統領多組思想。

3. 以人力資源管理為例，按金字塔原理分解目標（見圖 2-21）

要提高人力資源管理的水準，就要找出人力資源管理涉及哪些功能模組，按教科書的說法，人力資源管理涉及六大模組，即人力資源規劃、招募、培訓、績效、薪酬、員工關係，公司人數規模在不到 500 人時，有可能人事和行政會合併在一起，所以加了一個行政管理，還有一個近幾年較為熱門的 OD（Organization Development）組織發展。

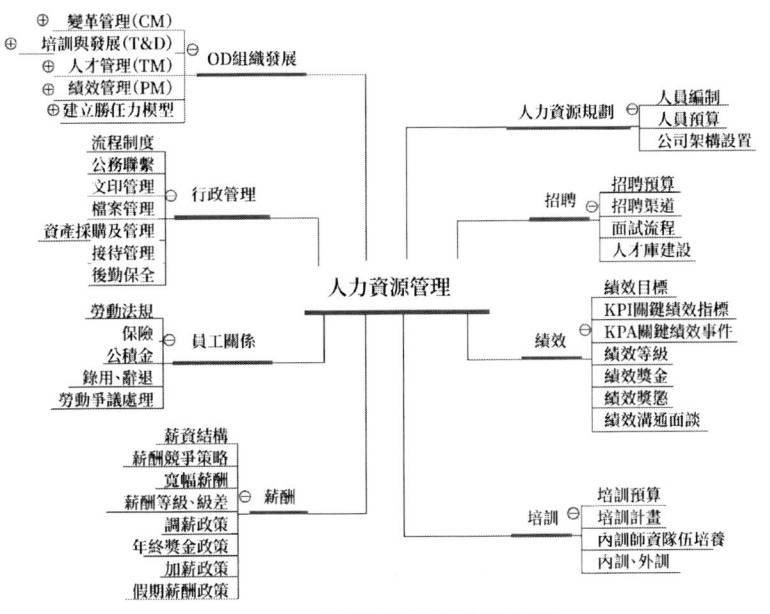

圖 2-21　人力資源管理金字塔分解

透過以上人力資源管理六大模組，再加上 OD 組織發展和行政管理，基本上涵蓋了企業 HR 所做的全部工作，從系統上來講是完整的，並且

相互獨立，具有明顯的層次感。但因為篇幅有限，沒有辦法一一展示出對各模組的窮舉，2.4.2 小節會講解一個分解「績效」模組的例子。

2.4.2　目標設定要相互獨立、完全窮舉

1.MECE 原則

MECE[009] 原則是由《金字塔原理：思考、寫作、解決問題的邏輯方法》的作者芭芭拉・明托（Barbara Minto）於 1973 年提出的，也是麥肯錫思考過程的一條基本準則。MECE 也就是對問題的分析，能夠做到不重複、無遺漏，從而直達問題的核心，並找到問題的解決方法。

所謂的不重複、無遺漏是指在將某個整體（不論是客觀存在的還是概念性的整體）劃分為不同的部分時，必須保證劃分後的各部分符合以下要求：

第一，完整性（無遺漏），指在分解工作的過程中不要漏掉某項，意味著問題的細分是在同一面向上並有明確區分、不可遺漏的；

第二，獨立性（不重複），強調每一項工作之間要獨立，無交錯重疊，意味著問題的分析要全面、周密。

目標設定時要符合 MECE 原則。

2. 以員工流失率為例設定目標

圖 2-22 展示了用金字塔原理進行梳理的「員工流失率」，第一層列出了四個面向，分別是：

1.0 招募；2.0 培訓；3.0 薪酬；4.0 績效。

---

[009] 芭芭拉・明托，金字塔原理：思考、寫作、解決問題的邏輯方法 [M]．海口：南海出版公司，2010．

這四個是影響員工流失率的因素，這四個因素之間彼此獨立，相互不重複。然後是第一層的各因素之下，再分出第二層因素。

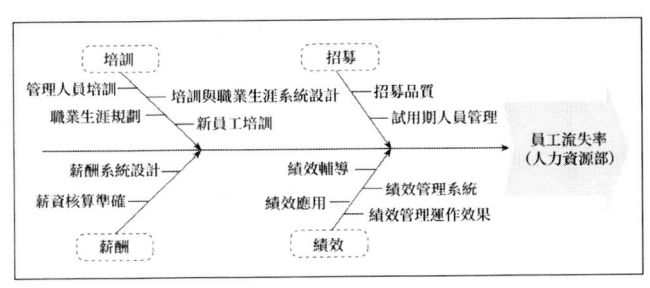

圖 2-22　員工流失率目標設定

·1.0 招募的子因素是：1.1 招募品質；1.2 試用期人員管理。

·2.0 培訓的子因素是：2.1 管理人員培訓；2.2 職業生涯規劃；2.3 培訓與職業生涯系統設計；2.4 新員工培訓。

·3.0 薪酬的子因素是：3.1 薪酬系統設計；3.2 薪資核算準確。

·4.0 績效的子因素是：4.1 績效管理系統；4.2 績效管理運作效果；4.3 績效輔導；4.4 績效應用。

3. 分解「人力資源管理」的「績效」模組

績效是人力資源管理六大模組之一，下面選取「績效」模組下的「績效獎金」來展開窮舉，如圖 2-23 所示。

·人力資源管理的二級模組 ——「績效」模組；

·人力資源管理的三級模組，「績效」的子模組 —— 績效目標、KPI 關鍵績效指標、KPA 關鍵績效事件、績效等級、績效獎懲、績效溝通面談和績效獎金

·人力資源管理的四級模組，「績效」下「績效獎金」子模組的下級模組 —— 獎金池、獎金分配；

·人力資源管理的五級模組 —— 公司級獎金池、部門級獎金池和分

第 2 章　策略引導的目標設定與目標分解

配規則；

・人力資源管理的六級模組 —— 研發人員獎金、職能部門獎金、業務人員獎金和高階主管獎金。

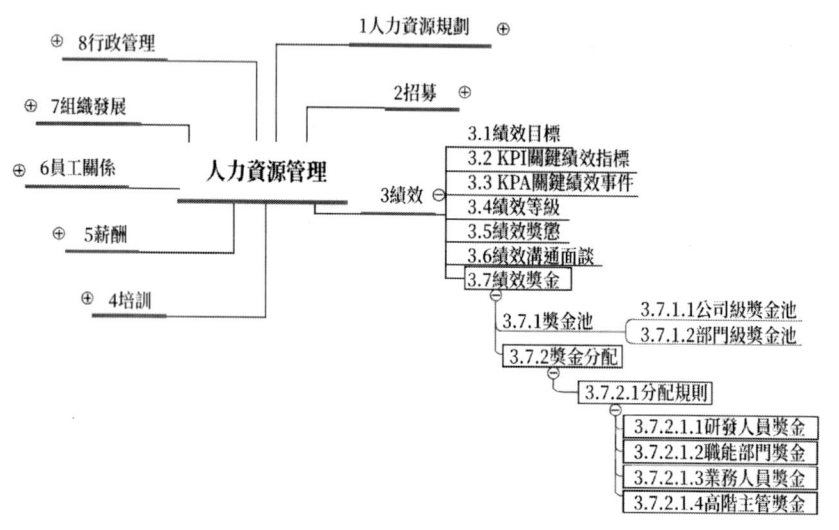

```
                    1人力資源規劃
        8行政管理
    7組織發展           2招募
                              3.1績效目標
    6員工關係                   3.2 KPI關鍵績效指標
            人力資源管理         3.3 KPA關鍵績效事件
                        3績效 3.4績效等級
        5薪酬                  3.5績效獎懲
                              3.6績效溝通面談
            4培訓              3.7績效獎金
                                        3.7.1.1公司級獎金池
                                3.7.1獎金池
                                        3.7.1.2部門級獎金池
                                3.7.2獎金分配
                                        3.7.2.1分配規則
                                                3.7.2.1.1研發人員獎金
                                                3.7.2.1.2職能部門獎金
                                                3.7.2.1.3業務人員獎金
                                                3.7.2.1.4高階主管獎金
```

圖 2-23 「績效獎金」模組分解

透過這樣的層層貫徹，以及窮舉到最小單位後，整個目標就全部打通，「績效獎金」模組工作的整個過程也都十分清楚地呈現出來，「績效獎金」的最終產出，就是不同序列職位的獎金分配規則，以及獎金池的來源。

同為「績效」模組下一級的還有其他 6 個子模組，再把每個子模組細分到六級模組，就能全盤展示出「績效」模組的全部工作，從而就可以很清楚地定位從總監、經理、主管到專員的工作任務和目標，**凡是沒有做過的工作就是可挑戰性目標，凡是與公司整體策略規劃和年度目標具有高度關聯性的工作，就是可挑戰性目標**。這樣作為 OKR 的 O，也就比較容易辨識出來了。

2.4.3 部門負責人承擔本部門的目標

之前提到過，目前大多數企業在推行 BSC 和 MBO 時，對組織目標的分解是由策略規劃部在領頭，而對員工的個人考核是由 HR 負責，導致的結果是，部門目標沒有有效分解到每一個職位，部門負責人要對企業目標的結果負責，同時，部門負責人的考核又歸 HR 負責，這樣就導致部門負責人處於分裂的狀態：既要對企業目標負責，又要對個人績效負責。對二者都負責，但二者又沒有相同性，造成的結果就是，企業的目標並不能被有效執行，而對個人的考核也只是形式主義。

前文講到，策略規劃部要將目標分解貫徹到職位、到個人，而 HR 要將分解到每一個職位的目標與既有的 KPI 結合起來，這樣才能將目標真正落實。因此作為部門負責人，就要對本部門的目標負責，同時要運用一切手段，將目標細分到每一個職位，並確保可以執行。這樣的目標分解才具有意義。下面以營運部經理為例進行說明，如表 2-4 所示。

表 2-4 營運部經理的 OKR 表

目標分解	目標及關鍵成果內容描述	完成標準（可量化／可評價）	時間節點 開始	完成
目標一（O1）	推進現場基礎管理項目（6S + TPM），完成模範水廠驗收			
1.1	關鍵成果 KR1	5 月底完成兩個模範水廠 6S 所有基礎工作，6 月底完成驗收	5 月底完成兩個模範水廠 6S 所有基礎工作，6 月底完成驗收	4 月 1 日	5 月 30 日
1.2	關鍵成果 KR2	6 月底完成剩餘兩個模範水廠 6S 基礎工作，7 月底完成驗收，所有非模範水廠完成 6S 基礎工作	6 月底完成剩餘兩個模範水廠 6S 基礎工作，7 月底完成驗收，所有非模範水廠完成 6S 基礎工作	4 月 1 日	6 月 30 日

第 2 章 策略引導的目標設定與目標分解

目標分解		目標及關鍵成果內容描述	完成標準（可量化／可評價）	時間節點 開始	完成
1.3	關鍵成果 KR3	完成 6S 管理系統檔案	提出 6S 系統檔案	5月1日	6月30日
1.4	關鍵成果 KR4	制定 TPM 實行方案，在 1 至 2 個水廠啟動 TPM 管理系統	提出實行方案，完成 1 至 2 個水廠的 TPM 系統	5月1日	6月30日
目標二 (O2)		保證生產安全、穩定、優質運行			
2.1	關鍵成果 KR1	一汙總磷控制在 0.9mg／L 以下，無超標	5 月 20 日前完成技術方案（加藥、脫泥、進水濃度）、脫泥機	4月1日	6月30日
2.2	關鍵成果 KR2	5 月底前完成一汙、二汙環保隱患檢修	現場標識標牌	4月1日	6月30日
目標三 (O3)		啟動智慧水務基礎工作			
3.1	關鍵成果 KR1	在兩間水廠開始基礎資料蒐集，完成設備資訊和現場影片上傳行動網路和業務區總控處	在兩間水廠開始基礎資料蒐集，完成設備資訊和現場影片上傳行動網路和業務區總控處	4月1日	6月30日
3.2	關鍵成果 KR2	建立現場設備檔案，先期啟動兩廠；探索、擬定 QR 設備管理模式方案	建立現場設備檔案，先期啟動兩廠；探索、擬定 QR 設備管理模式方案	4月1日	6月30日
3.3	關鍵成果 KR3	爭取成為集團專家系統試點單位	爭取成為集團專家系統試點單位	4月1日	6月30日
目標四 (O4)		專家小組梳理各水廠技術、設備問題，制定安全、穩定、最佳化運行方案			

目標分解		目標及關鍵成果內容描述	完成標準（可量化／可評價）	時間節點	
				開始	完成
4.1	關鍵成果 KR1	5月實施應急措施執行方案，5月底確保出水達到一級 A 標	5月實施應急措施執行方案，5月底確保出水達到一級 A 標	4月24日	5月30日
4.2	關鍵成果 KR2	5月底完成高密池合理投藥量確定	5月底完成高密池合理投藥量確定	4月1日	5月30日
4.3	關鍵成果 KR3	6月中旬完成各水廠技術、設備問題梳理及安全、穩定、最佳化運行方案的制定	制定計畫、工作流程、責任分工、問題清單	4月1日	6月30日

營運部經理在第二季度共有 4 個 O，分別是：O1. 推進現場基礎管理項目（6S + TPM），完成模範水廠驗收；O2. 保證生產安全、穩定、優質運行；O3. 啟動智慧水務基礎工作；O4. 專家小組梳理各水廠技術、設備問題，制定安全、穩定、最佳化運行方案。

每個 O 有 2 至 4 個 KR，每一個 KR 也都標記了起止時間，其中的 O1 和 O4 在具體實施時就轉為營運部安全員的 O1 和 O3，這樣 O 就由部門經理傳遞到部門員工具體的職位，確保 O 的落實執行。表 2-5 以某個營運部安全員為例進行說明，呈現 O 的傳遞。

表 2-5　營運部安全員的 OKR 表

目標分解		目標及關鍵成果內容描述	完成標準（可量化／可評價）	時間節點	
				開始	完成
目標一（O1）		完成四個 6S 專案，完成模範水廠驗收			
1.1	關鍵成果 KR1	5月底完成兩個模範水廠 6S 所有基礎工作，6月底完成驗收		5月10日	5月31日

目標分解		目標及關鍵成果內容描述	完成標準（可量化/可評價）	時間節點 開始	完成
1.2	關鍵成果 KR2	6月底完成剩餘兩個模範水廠6S基礎工作		6月1日	6月30日
1.3	關鍵成果 KR3	7月底完成驗收，所有非模範水廠完成6S基礎工作		6月1日	6月30日
目標二（O2）		完成業務區所有水廠安全核對標準工作			
2.1	關鍵成果 KR1	建立健全安全管理規章制度	6月底完成「業務區安全三級管理系統檔案」的編制	4月1日	6月30日
2.2	關鍵成果 KR2	展開安全月活動	6月中下旬展開業務區安全月活動，主要形式為有限空間作業，應急預案演練	6月1日	6月30日
2.3	關鍵成果 KR3	安全週、月報表按時上報	每月3日之前完成上月安全月報表填報，月報內容完整、真實、準確。每週五12點之前完成本週安全週報表的填報工作	4月1日	6月30日
目標三（O3）		6月中旬完成各水廠技術、設備問題梳理及安全、穩定、最佳化運行方案的制定			

2.4 貫徹組織的目標

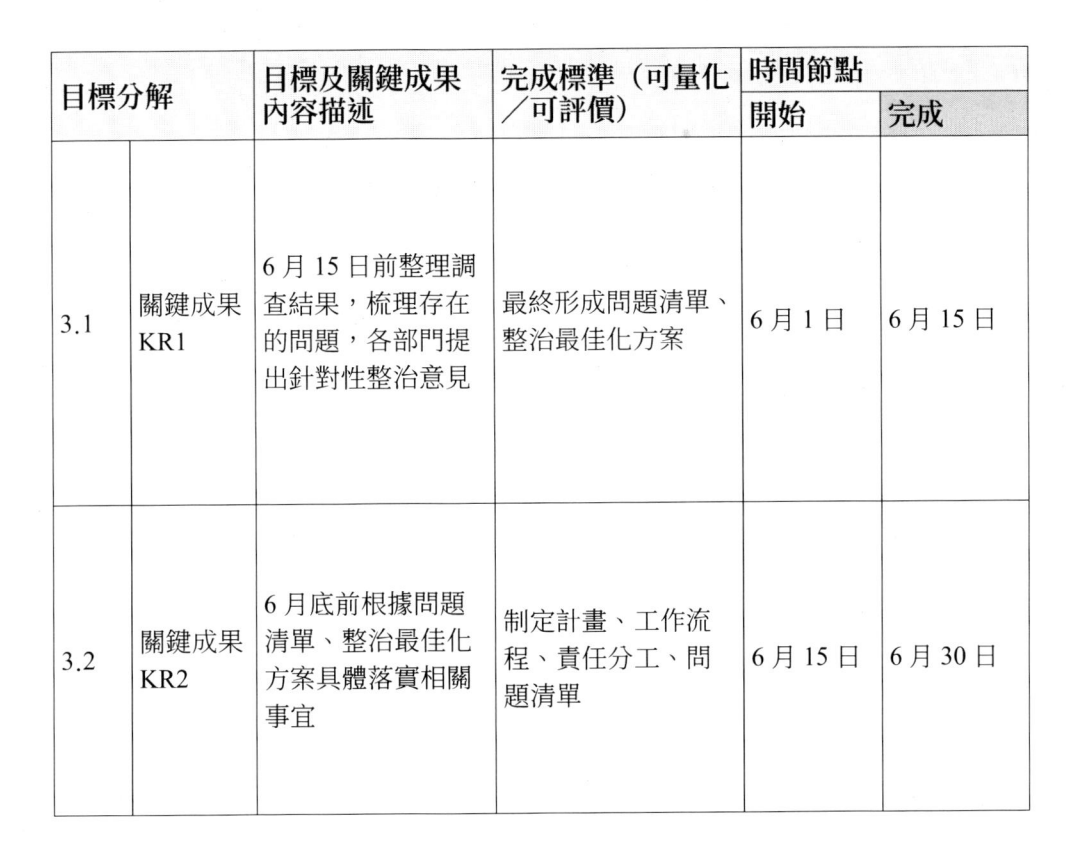

目標分解		目標及關鍵成果內容描述	完成標準（可量化/可評價）	時間節點 開始	完成
3.1	關鍵成果KR1	6月15日前整理調查結果，梳理存在的問題，各部門提出針對性整治意見	最終形成問題清單、整治最佳化方案	6月1日	6月15日
3.2	關鍵成果KR2	6月底前根據問題清單、整治最佳化方案具體落實相關事宜	制定計畫、工作流程、責任分工、問題清單	6月15日	6月30日

第 2 章　策略引導的目標設定與目標分解

2.5　個人目標與組織目標要形成齒輪咬合

OKR 在西方的應用中，強調 O 的設定是由下而上進行的，自己設定目標，這個方法在亞洲目前的企業管理實踐中，是很難適用的。有以下幾點原因：

（1）很多企業缺乏目標，極少有企業能夠講清自己的企業是什麼樣的企業、為誰服務、核心競爭力是什麼、未來想要成為什麼樣的企業、如何達成。至於目標，更多的企業會從財務數字如業績、利潤、回款、成本等方面進行說明。可能處於創業期的企業，會對未來有更多的憧憬和想法，但當務之急，是要想辦法生存下去，而生存是要面對殘酷的現實，否則，那些情懷、那些理想，未必能等到黎明的那一刻。

（2）員工對企業的認同度不高，目前的企業員工，已開始有「Z 世代」職場新人了，他們普遍喜歡自由，不受約束，經常是一言不合就裸辭，對他們而言，做自己喜歡的事，才是他們的興趣所在。

問題是，在成熟規範的企業，未必會照顧到「Z 世代」喜歡的事，更多的是需要他們努力學習，累積經驗。而他們喜歡的事，往往又是企業並不關注的，或並不主張的，這就造成二者無法和諧一致。

2.5.1　上級的關鍵結果是下級的目標

目前在運用 MBO 或 BSC 的亞洲企業，也都談目標管理，也都在做目標分解，包括應用 KPI 也是按這個邏輯在分解 KSF[010] 直至 KPI，因此在很多時候，我在為企業輔導 OKR 時，遇見許多人對我說：「我們對目標管理很熟悉，我們一直在分解目標，每年年初都要做。」但問題在於，目標每

---

[010] KSF（Key Success Factors，關鍵成功因素法）就是經由分析找出企業成功的關鍵因素，然後根據這些關鍵因素來確定系統的需求，並進行規劃。

2.5 個人目標與組織目標要形成齒輪咬合

年都要設定,也都要分解,但往往會出現,年初定的目標在年中回顧時,就會發現與年初目標相比,有明顯的差距,到年底再回顧時,很多目標都沒有完成,但各部門的 KPI 都表現良好,而老闆站在整個企業的角度看,可以看出企業整體目標的實現並不理想,但不知道問題出在哪裡。

出現這種現象的原因在於無論是 BSC 還是 MBO 或者是 KPI,都存在一個核心的問題:分解的過程缺少思辨性和創新性,另外上級目標與下級分解的目標之間,缺乏緊密的連繫,只是為了分解而分解目標。從企業層面的 5 個目標開始分解,到最後分出了 100 個目標,但無法倒推回去,回到最初的那 5 個企業級目標。如果目標分解的過程缺乏邏輯關係,串不起來,是散落一地的珍珠,全部都是孤立的,目標彼此間也就缺乏影響。

在圖 2-24 所示的目標分解中,董事長的 O 是「為股東創造財富」,KR1 是「公司 IPO 上市成功」,KR2 是「銷售業績完成 200 億元」。這個 OKR 的設定很符合董事長的職位,當公司 IPO 上市成功後,自然會使公司市值大幅提升,而完成 200 億元的銷售業績,則是作為申報 IPO 的第一步。

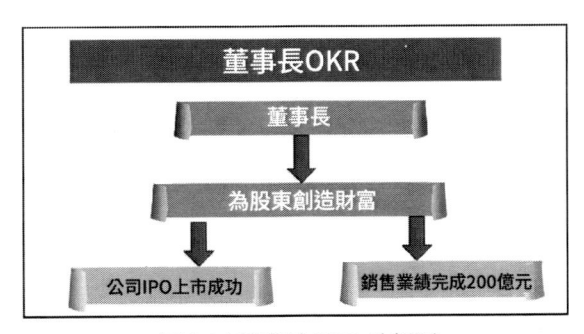

圖 2-24 董事長 OKR 分解圖

這兩個 KR,對於董事長而言,不是自己親自上陣就可以完成的,因此需要將這兩個 KR 分解下去。KR1「公司 IPO 上市成功」就要分給總經理來承擔,KR2「銷售業績完成 200 億元」就要分給業務總監來承擔。圖

第 2 章　策略引導的目標設定與目標分解

2-25 就是總經理和業務總監的 OKR 分解圖，可以看到，總經理的 O 就是董事長的 KR1，業務總監的 O 就是董事長的 KR2，這樣就形成了一個緊密的邏輯關係，層層分解，就不會造成散落、無邏輯關係。

同樣總經理的 4 個 KR，也要被下級所分解。KR1「融資 20 億元」可能會被財務總監作為 O，KR2「併購同行」可能會同時被策略投資總監和財務總監共同作為 O，KR3 和 KR4 可能會被財務總監作為 O。

而業務總監的 4 個 KR，也要被下級所分解。KR1「開拓網路商城 8 億元」，可能會被網路商城業務經理的 O 所分擔，KR2「建立兩支新的業務團隊」，可能會被新成立的兩支業務團隊的經理所分擔，KR3「開拓新的海外電商市場 20 億元」，被海外市場業務經理所分擔，KR4「現有存量市場 180 億元」，則由現任的業務經理所分擔。

從頂層設計到 O 的分解，透過這樣層層分解，就能夠釐清內部的邏輯關係，從頂層到基層，從上到下都有聯動關係。更關鍵的是，還可以從下向上倒推，回到開始的原點，這樣更有助於上下的聯動，找到做這件事的初心，不會迷失在當下。

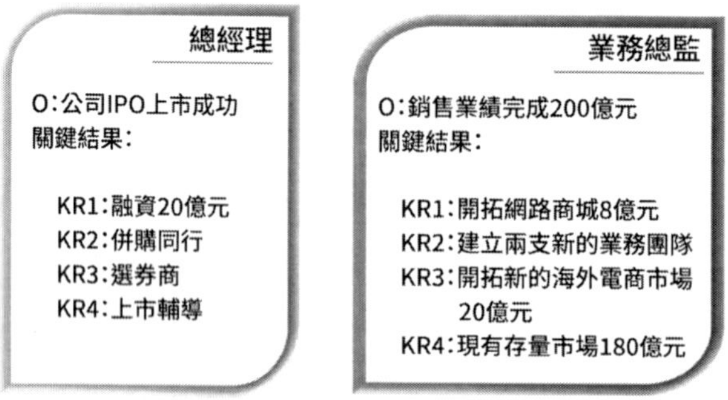

總經理

O：公司IPO上市成功
關鍵結果：

KR1：融資20億元
KR2：併購同行
KR3：選券商
KR4：上市輔導

業務總監

O：銷售業績完成200億元
關鍵結果：

KR1：開拓網路商城8億元
KR2：建立兩支新的業務團隊
KR3：開拓新的海外電商市場 20億元
KR4：現有存量市場180億元

圖 2-25　總經理和業務總監的 OKR 分解圖

2.5.2 個人的目標要與組織目標有關聯

個人目標表現為組織成員希望透過他們在組織中的努力所要達到的目標，主要包括職位晉升、增加薪資、改善環境、實現抱負、被社會承認等。

組織目標反映了組織成員的共同利益，而個人目標則是組織成員之所以願意在該組織中工作的主要原因。

個人目標和組織目標相輔相成。組織目標的實現是個人目標得以實現的前提，個人目標的實現是組織目標得以實現的保證。

事實證明，一個組織凝聚力的缺失往往是由於個人目標和組織目標的背離造成的。在這種情況下，個人目標無法實現，也就為組織目標的實現設定了障礙。因此，管理者要努力尋求組織目標和個人目標之間的結合點，創造機會，使每個人在完成組織目標的同時其個人目標也得以實現，從而為組織目標的實現提供保證。

組織目標、團隊（部門）目標和個人目標，這 3 個目標一致才能形成合力，否則就會出現內耗。關於個人目標與團隊（部門）目標之間的關係，可以參考石泉寫的〈個人目標與團隊目標的關係〉一文，這裡不再贅述。

2.5.3 個人的 5 個目標中要有 2 個是自己提出的

很多企業老闆都有這樣的感觸「金錢買不到人心」，年終獎金發完，該走的還是要走，剛提拔的新人，還是留不住。走的人都這麼說「老闆，我們走不是因為公司不好，而是我們有夢想要實現，趁著年輕，不試怎麼知道不行呢，萬一成功了呢！」這是目前職場中比較普遍的現象。

我們一直說，如何才能真正讓優秀的人留下來，除了物質以外，還要有職業發展，有精神激勵，更要有能夠支持他們想法的 —— 留才計畫。要做到留住人才，涉及這樣幾個方面：

第2章 策略引導的目標設定與目標分解

（1）企業要有夢想，有願景，有使命，有擔當。當老闆能把企業做成一個不只是做生意的企業時，你就具有了一種使命，讓這種使命來感染每一個跟隨的人，因此老闆要有情懷，要有格局，不然很難吸引到優秀的人才來追隨你。

（2）做自己想做的事。如何能夠將自己想做的事，與企業的發展目標相結合呢？老闆怎麼知道員工想做的事就一定是企業想做的事呢？萬一員工想做的事不是企業想做的事，該如何處理呢？更重要的是，員工想做的事，不是企業想做的事，員工還占用工作時間做自己想做的事，而將企業想做的事放到一邊時，該怎麼辦？

所以用OKR可以做到將員工想做的事，與企業想做的事結合在一起，並用完整的方式，對這二者進行有效的追蹤。OKR的O採用層層分解的方式得到，上級的KR就是下級的O，每個人最多只能有5個O，3個O可以來自上級的KR，另外2個O由員工自己提出。這種3＋2的模式，正是結合了上下共同目標，既有上級的意圖要貫徹執行，也有下級的想法可以被採納，這種上下結合的模式，能夠照顧到下級的感受，確保在企業的平臺上，可以讓員工做自己想做的事，從而實現自己的想法，當然這些想法是要被上級認可的。這樣透過引導，就能有效地激發員工的無限潛力，讓他們做自己想做的事，並與上級的KR緊密結合，從而達到雙贏的局面。

第 3 章
關鍵結果要有可挑戰性

　　OKR 的一個核心觀點就是，O 的設定要有挑戰性、有野心。這種有挑戰性，是一個相對長期的過程，O 不可能在一個季度就能實現，如果是在一個季度就能實現，那只能說明設定的 O 不具有挑戰性。

　　在 OKR 中，每一個 O 都有 2 至 4 個 KR 作為關鍵成果，這個 KR 就是為了實現 O 而要具體實施的措施、方法、路徑。因此能否實現 O 的可挑戰性，關鍵還是在 KR 方面，如果 KR 都能完成了，那麼 O 的可挑戰性就有可能實現；反之，如果 KR 不能實現，則 O 是一定不會實現的。因此在 OKR 的實施中，KR 能否實現是關鍵，而要實現 O 的可挑戰性，KR 也要具備同樣高度的可挑戰性。

第 3 章　關鍵結果要有可挑戰性

3.1　關鍵結果同樣要有挑戰性

　　O 是要具有可挑戰性的，也就是說 O 的可挑戰性是一個高度，為了達到這個高度，相應的 2 至 4 個 KR 也要有同樣的高度，與之匹配。就好比 O 是一個桌面，為了能支撐住桌面的高度，那四條桌腳（也就是 KR）要與桌面的高度一致，唯有如此，才有可能達成 O 的目標。如果某個桌腳斷了一截，整個桌面就會傾斜，久而久之，桌面就會倒了。

　　KR 在 OKR 的語境中，有一個十分重要的作用，那就是試錯。因為未來對我們來說，是一種不確定的狀態，因此就要不斷地嘗試各種想法，以驗證哪條路才是最終可以到達終點的路徑。因此在 OKR 的語境中，KR 要不斷試錯，所以 KR 是不斷要被替換的。這樣就會存在一個問題，當一個 KR 不能有效進行下去時，就要立刻被更換，那麼用新的 KR 進行替換後，這個新的 KR 與其他三個 KR 相比，是否具有同樣的難度係數？與被替換的那個 KR 相比，是否也具有同樣的難度係數？因為人們通常是不願意去挑戰自己的舒適圈，也就是說對於自己陌生的、不熟悉的環境、事物、思想、工具，都具有一種本能的抗拒心理，不願意去嘗試和改變現有的、熟悉的舒適圈。當那個 KR 不能被有效執行時，替換一個新的 KR 本身，從心理上就可能會不自覺地降低難度係數。

　　這個時候就會出現問題，當一個被替換的新 KR 的難度係數與原來被替換掉的舊 KR 的難度係數相比，明顯降低了，那與另外三個 KR 的難度係數相比也會明顯降低，這就會造成四個 KR 之間的不平衡，因此就會影響到 O，也導致桌面不平，形成傾斜。當形成這種局面時，因為受力不均，難度係數低的那個 KR 實施的進度就會比其他三個 KR 的進度快，不知不覺中影響到另外三個 KR 的實施，另外三個 KR 就會逐步被替換，最終的結果，就是四個 KR 的整體難度係數被降低，而影響到 O 的最終實現。

3.1.1 突破常規

大家對招募經理的考核都不陌生,我們來看圖 3-1,左邊的是招募經理的 KPI(這裡我們不對 KPI 進行評價),右邊是運用 OKR 來對招募經理進行的目標管理,O 是認識更多優秀的候選人,這也是招募經理最核心的工作,因為假如從一開始就選對了人,那其他的如離職率、試用期合格率等,就都會很理想了。

KR1:加入候選人所在社群 20 個。我們都知道,現在很多資訊工程師,工作通常不是透過投履歷找到的,可能剛畢業那幾年,人們還會透過投履歷來找工作,後來換工作,更多是透過社交圈來實現的,每個人的手機裡都有幾十個社交群組,有同行、前雇主同事、大學同學、參加培訓認識的朋友等,彼此的學習、交流、互動十分頻繁。彼此所在公司的職位有空缺時,都會相互介紹,相互了解公司的情況,也可以相互打聽某家公司是否可靠。因此找工作是不用投履歷的。

招募經理KPI	招募經理OKR
□ 招募及時率	□ O:認識更多優秀的候選人
□ 招募週期	□ KR1:加入候選人所在社群20個
□ 初試通過率	□ KR2:舉辦專業論壇、高峰會兩場/每季度
□ 複試通過率	□ KR3:與市場人員一起走訪客戶20家
□ 招募離職率	□ KR4:每一週在網路社群上發表兩篇文章,介紹公司的產品和技術
□ 試用期合格率	
□ 轉正通過率	
共有34個指標	

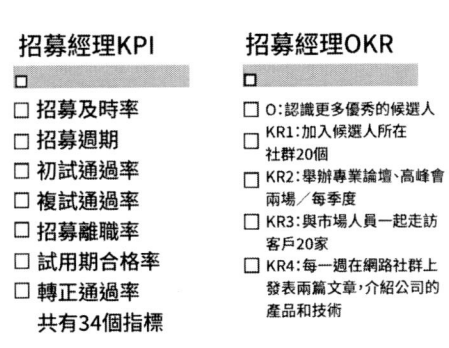

圖 3-1　招募經理的 KPI vs. OKR

但職場中的 HR 卻還是在各種求職網站以及就業博覽會等管道來找人,我們可以看出,他想找的人與他不產生交集,所以招募困難是目前困擾 HR 的第一難題。公司新業務的推進、業務團隊的建立、研發團隊的補缺,都在不停地向 HR 要人,但 HR 現有的招募管道,不能為公司

第 3 章　關鍵結果要有可挑戰性

有效地選出大量候選人，HR 的地位因此倍受挑戰。

怎麼辦？一定要尋找新的突破口，KR1 是可以快速接觸到候選人的一條有效途徑。但 HR 加入社群以後，發布訊息的技巧很重要，如果 HR 一入群組就迫不及待地發布招募廣告，立刻就會被踢出群組。現在招募已是賣方市場了，HR 要十分了解候選人的喜好，投其所好，方能成事。

KR2：舉辦專業論壇、高峰會兩場／季度。對於一個招募經理而言，日常工作跟辦論壇、舉辦高峰會這種事，好像是不相關的，這都是市場、營運、技術部門的事，為何 HR 需要做呢？還是為了招募。這是專業的精準行銷的模式，也就是說，想招募哪一方面的人，就舉辦哪一方面的論壇或高峰會。透過舉辦活動，可以收集到第一手資訊，與會人員在現場簽到，HR 能很快得到與會人員的資訊，再在現場透過面對面建立群組，就可以直接和與會人員溝通了。當然想要能夠吸引到高品質的潛在人才，作為主辦方，公司在技術方面、業內影響力方面，都要具有一定的知名度，還要請到一、兩位業內公認的成功人士，這樣可以提高影響力。在現場 HR 與用人部門密切關注，那些在臺上演講的人的水準如何，來了哪些業內高手，在茶敘時多找人溝通交流，那麼 HR 就可以快速地建立面對面的印象分數，為日後溝通交流做好事先鋪陳。

KR3：與市場人員一起走訪客戶 20 家。HR 大多都是「宅」在公司裡的，其實這是之前以用人單位為主導的環境下形成的特點，現在形勢變了，只有盡量走出去，才能見到更多的候選人，而客戶那裡，就有潛在的候選人，而且可以得到更多的同產業競爭的資訊，以便於 HR 及時修正對外部環境的判斷，增強 HR 的敏感度。

KR4：每一週在網路社群上發表兩篇文章，介紹公司的產品和技術。在網路社群裡的人，很多是各行業的大咖和高手，每一週發表兩篇文章，目的是吸引這些平時只在網路社群上瀏覽的大咖和高手的注意，同

時也為了找到想要的人才，透過留私訊的方式，進行互動。

以上四種，都是目前 HR 在招募中極少用到的方式，而這也正是 OKR 要突破常規的方式。因為那些已經常用的方式，不能有效解決 HR 目前遇到的招募困難的問題，所以 HR 的招募模式，在運用 OKR 時，KR 就要突破常規，才能有新的突破。

有人會問我，這四個 KR，每一個 KR 能真正發揮什麼作用？每一個 KR 可以招募多少人？在 OKR 的語境中，實現 O 是核心，而不是像 KPI 那樣，是為了結果，當你找到了能夠真正實現 O 的路徑、方法、措施後，過程對了，結果自然就有了。本例中，任何一個 KR 成功了，結果都有可能會超出預期。例如，加入 20 個群組，如果每一個群組按 300 人計算，就可以建立一個 6,000 人的專業人才庫，一網下去，可能就會收穫滿滿了。

所以這又回到前面對 KR 的描述，KR 是實現 O 的方法、路徑、工具和想法，這幾個路徑超出了目前絕大多數 HR 的日常工作的範圍，並且打破了被動的習慣，大多是主動出擊，不斷創新，而且很有挑戰性，因為每一個 KR 都不是一蹴而就能實現的，需要付出比 KPI 慣性思考更多的精力和時間，才有可能成功，但還會有 30% 的可能是失敗，進展不下去。在 OKR 的語境裡，如果 KR 連續兩到三週沒有進展，就要用新的 KR 替換，而且難度係數不能降低，可見挑戰的難度非同一般。

3.1.2　4 個關鍵結果保持一致的挑戰係數

其實，OKR 就是把最優秀的員工的「做事途徑」不斷最佳化，然後幫助每一個同職位員工去做同樣的事情來達成想要的結果。KR 必須具備以下特點：

第 3 章　關鍵結果要有可挑戰性

（1）必須是依照這個方向及正確途徑做，就能實現目標的；
（2）必須具有進取心、敢創新，多數情況下不是常規的；
（3）必須是以產出或者結果為基礎的、可衡量的，設定評分標準；
（4）不能太多，一般每一個目標的 KR 不超過 4 個；
（5）必須是和時間相連繫的。

前面講到了制定 OKR 要符合 SMART 原則，在制定 OKR 時，要通盤考慮 SMART 原則的 5 個面向，來評估選取的 OKR 是否符合這個原則。那符合 SMART 原則的 OKR 要具備的特徵是什麼？是量化。因為量化比較直觀，也好衡量，但很多時候我們會陷入一種困惑中，許多工作無法量化，像研發人員、設計人員的工作成果，就很難有具體的量化指標。那 KR 不能量化怎麼辦？

要可衡量，也就是要確定產出結果是什麼，產出結果不一定要數位化，可以是關鍵節點的成果，如「測試上線、產品交付、客戶驗收、內外測試、公開測試、制度起草完成等」，只要是能夠確定產出的成果，都可以作為可衡量的依據。

4 個 KR 必須保持一致的挑戰係數，就是要確保這 4 個 KR 的難度相當，這樣才能共同確立 O 的可挑戰性，這當中有任何一個 KR 因為執行不下去，需要替換新的 KR 時，也要保持同樣的挑戰係數，不然就會造成劣幣驅逐良幣，影響到 O 的實現。

要確立高目標，靠的就是那 4 個 KR，因此 KR 也要具有一致的可挑戰性，而且 4 個 KR 都要具有一樣的難度係數，這樣才能穩穩地撐住 O。那如何衡量難度係數呢？關鍵就是 KR 的創新，是全面創新還是微創新，決定了難度係數的高低。全面創新，意味著會面對更多的不確定性，自然難度係數就高。微創新意味著有一定的成功路徑可以依賴，不確定性相對較小，難度係數也會比全面創新較低。如果有一個 KR 的難度係數

低於其他幾個 KR，就會造成 O 的受力不均勻，時間久了，整個 O 就有可能因為 KR 的支撐不穩，而垮掉了。

那如何才能發現是哪一個 KR 支撐不住了呢？那就要看 4 個 KR 中，哪一個 KR 實施不下去了，一旦出現這樣的情況，就要立即想辦法替換一個新的 KR，並要保持新替換的 KR 與其他 3 個 KR 的難度係數保持一致，這樣才會保持高度一致，讓整個 O 能夠得到支持。

那是什麼原因會造成 KR 支撐不住呢？因為 KR 的難度係數存在不確定性，就有可能會造成 KR 連續幾週沒有進展，停滯不前，這樣就影響了 O 的實現進度。這時候就要及時考慮替換 KR，而不能讓一個明明知道已無法實現的 KR 還在繼續執行，那樣的話，就造成對其他 3 個 KR 的壓力，而讓這個 KR 在空轉了。

3.2 緊盯目標而不是結果

　　管理的一個訣竅就是「緊盯目標，關注效果」。緊盯目標，就是要隨時保證我們的目標、我們的方向沒有錯誤，我們還在朝著正確的方向行進。關注效果，就是要對執行的效果負責，要隨時關注我們的工作是否達到了預期的效果，這很重要，在很多情況下，雖然目標達成、但是效果無法保證的現象並不少見，沒有效果，目標達成也沒有意義。「緊盯目標，關注效果」就是不但把事情做對，還要把事情做好，這看起來簡單，但是執行起來真的不是那麼容易。所以，我們做每件事情都要仔細想想，這件事情的目標是什麼，效果怎麼樣。既要達成目標，又要保證效果。

　　「花開蝴蝶來」，你不斷追逐蝴蝶，蝴蝶會因此而離你遠去，只有當你修建起自己的花園時，花開後蝴蝶自然飛來。我們把蝴蝶比喻為你想追逐的目標，如果只是一味地想著追逐心中的目標，你是很難真正抓到心中的蝴蝶的。就好比，如果企業的目標是擴展規模，想上市，想成為世界 500 強，那麼業績是一個重要的衡量指標，但若因此企業高層天天想著突破業績，什麼賺錢就做什麼，企業並不會因此而成長，反而會因為高層只是一味追逐業績，什麼都做，導致企業缺乏核心競爭力，很快被市場所淘汰。

　　所以只有將企業培養出具有獨一無二的經營特質，才能使得企業可持續發展，一味地擴張，未必能穩固、長久。對 OKR 而言，為了實現目標，關注實現的路徑、過程、方法、措施，找出影響目標實現的各個重要因素，並快速迭代，進行全面嘗試，從而才有可能實現目標。「**做好自己，蝴蝶自然會來。**」

3.2.1 關鍵結果要不斷試錯

我們繼續分析招募經理的例子。招募經理的 4 個 KR 都是很具有挑戰性的,那麼問題來了,哪一個 KR 堅持的時間最短?不同的產業,招募經理的個人特質不同,相對而言,KR4 可能堅持的時間最短,因為招募經理一般都不是做技術出身的,所以每週兩篇技術類文章,對他們來說實在太有挑戰了,一般會請資訊工程、技術部的同事友情支持,但時間久了,別人都有自己的 OKR 和工作,老是無償地幫忙,並變成是一項長期的任務時,可能就會不願意了。當然也有的招募經理會覺得,KR2 很難堅持,因為每季度舉辦兩場技術高峰會或論壇,太有挑戰性了,因為沒有那麼多資源,規模、場地、公司支持等因素都會影響高峰會和論壇的成功舉辦。

不管哪一個 KR,在實行一段時間後,都會面臨進度開始放緩,甚至連續兩週都沒有新進展的情況。這個時候就要及時替換 KR 了,因為 OKR 是對目標負責的。還是以招募經理的這 4 個 KR 為例,假設 KR4 堅持了五週,接下來兩週內,因為沒有合適的稿源,而陷入了停滯,這時候就要準備更換 KR 了。

那麼,問題來了,因為新的 KR 要與原先的難度係數保持一致,那應該換一個什麼樣的新 KR 呢?可以繼續根據 HR 的「招募」模組下的「建立人才庫」子模組的工作,因為企業很少有人做,都在忙著向外招募,很少建立系統性的內部人才庫。有很多離職員工的管理、有很多遇到但錯過的候選人,為什麼不充分利用?這些人至少對公司熟悉,有基本的共同點,只是時機不對,但只要繼續保持互動,此一時、彼一時,可能峰迴路轉,招募經理就成功招到了。圖 3-2 就是一個細分的過程。

第 3 章　關鍵結果要有可挑戰性

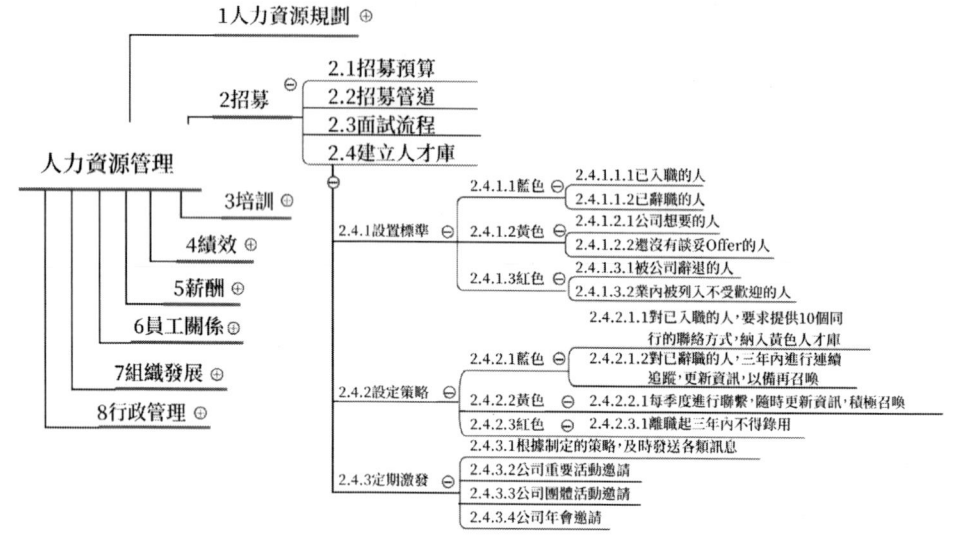

```
人力資源管理 ─┬─ 1 人力資源規劃 ⊕
              ├─ 2 招募 ─┬─ 2.1 招募預算
              │          ├─ 2.2 招募管道
              │          ├─ 2.3 面試流程
              │          └─ 2.4 建立人才庫 ─┬─ 2.4.1 設置標準 ─┬─ 2.4.1.1 藍色 ─┬─ 2.4.1.1.1 已入職的人
              │                              │                    │                └─ 2.4.1.1.2 已辭職的人
              │                              │                    ├─ 2.4.1.2 黃色 ─┬─ 2.4.1.2.1 公司想要的人
              │                              │                    │                └─ 2.4.1.2.2 還沒有談妥Offer的人
              │                              │                    └─ 2.4.1.3 紅色 ─┬─ 2.4.1.3.1 被公司辭退的人
              │                              │                                      └─ 2.4.1.3.2 業內被列入不受歡迎的人
              │                              ├─ 2.4.2 設定策略 ─┬─ 2.4.2.1 藍色 ─┬─ 2.4.2.1.1 對已入職的人，要求提供10個同行的聯絡方式，納入黃色人才庫
              │                              │                    │                └─ 2.4.2.1.2 對已辭職的人，三年內進行連續追蹤，更新資訊，以備再召喚
              │                              │                    ├─ 2.4.2.2 黃色 ── 2.4.2.2.1 每季度進行聯繫，隨時更新資訊，積極召喚
              │                              │                    └─ 2.4.2.3 紅色 ── 2.4.2.3.1 離職起三年內不得錄用
              │                              └─ 2.4.3 定期激發 ─┬─ 2.4.3.1 根據制定的策略，及時發送各類訊息
              │                                                   ├─ 2.4.3.2 公司重要活動邀請
              │                                                   ├─ 2.4.3.3 公司團體活動邀請
              │                                                   └─ 2.4.3.4 公司年會邀請
              ├─ 3 培訓 ⊕
              ├─ 4 績效 ⊕
              ├─ 5 薪酬 ⊕
              ├─ 6 員工關係 ⊕
              ├─ 7 組織發展 ⊕
              └─ 8 行政管理 ⊕
```

圖 3-2　「建立人才庫」模組

　　建立人才庫，可以有效提高招募成功率，但如果只是作為「招募」模組下的一個子模組（子目標），透過將「建立人才庫」這個子目標細分到第 6 層，我們就可以十分清楚地知道，建立人才庫應該如何進行：

　　對人才庫定義設定標準、設定策略、定期激發，其中：

　　‧設定標準：藍色為已入職的人和已辭職的人；黃色為公司想要的人和還沒有談妥錄用通知（以下稱 Offer）的人；紅色為被公司辭退的人和業內被列入不受歡迎的人。

　　‧設定策略：藍色是已入職的人，要求提供 10 個同行的聯繫方式；對已辭職的人，3 年內連續追蹤，更新資訊，以備再召喚；黃色是每個季度進行聯繫，隨時更新資訊，積極召喚；紅色是離職 3 年內不得錄用。

　　‧定期激發：根據制定的策略，及時發送各類訊息；公司重要活動邀請；公司團體活動邀請；公司年會邀請。

　　將「建立人才庫」細分到第 6 層，基本上可以將這個模組的工作完整地進行描述，從方法到應用都有了介紹，那麼接下來從建立人才庫開

始，就可以直接工作了。

用「建立人才庫」替換招募經理的 KR4，從難度係數上，與其他 3 個 KR 相比，都是在同一層次上的，都是靠自己努力可以有進展的，尤其是人才庫裡的黃色分類，是以往很多 HR 都忽略的，定期追蹤，積極召喚，往往也會帶來很多意外的收穫。

3.2.2 要吸引而不是追逐

一個企業的成功也並不僅展現在對利潤的獲取上，還在於它生產了什麼樣的產品，提供了什麼樣的服務，為客戶創造了什麼樣的價值，盡到了什麼樣的社會責任。

很多高明的企業家都將一些真理做到極致，以此走向了成功之路。

例如，W 公司始終堅持為客戶創造價值，建立了廣泛的利益分享機制，創始人只留了 1.4% 股份，其餘則分享給員工。

一個企業的強大，不在於收入強，也不在於是不是世界 500 強，而在於它能不能凝聚起全球最頂尖的人才。

而只有具備強大的吸引力，才能形成強大的凝聚力，W 公司的利他、包容、開放的理念正是最有力的吸引力，使得近幾年有約 700 名全球頂級科學家陸續加入並為之奮鬥。

稻盛和夫認為「利他」是能「心想事成」的最高境界。他說企業的經營祕訣在於利他，以善解人意的理念進行經營，企業就會走向輝煌，在獲取正當利益的基礎上，將自己的才能為員工所用、為客戶所用、為社會所用。

俗話說「財散人聚、財聚人散」，把好處多讓給別人，才會有人聚集在你身邊、扶持你做事，你的事業才能越做越大。如果自私自利、處處

第 3 章　關鍵結果要有可挑戰性

算計、唯利是圖,事業當然難以成功,即使僥倖成功了也根基不穩,稍有風吹草動就坍塌了。一個好的企業,其文化氛圍肯定是符合人性的,自然也是利客戶、利員工、利大眾的。未來企業不是產品的競爭,也不是技術人才的競爭,而是軟實力——文化的競爭。有優秀的文化自然就能吸引優秀的人,就能創造優秀的產品,自然就能占領市場。

美國成功哲學家金·洛恩(Kim Lun)也提出:成功不是追求得來的,而是被改變後的自己主動吸引來的。

要讓事情變得更好,就得先讓自己變得更好,要利他、利客戶、利社會,自然吸引人才來。

3.3　要及時修正關鍵結果

在 OKR 的語境中，KR 決定了 O 的目標能否實現，因此就要不斷評估這個結果是否達成效果。繼續前面所述例子，招募經理的 4 個 KR，如果有一個 KR 連續兩到三週沒有進展，就要馬上考慮更換它，因為 KR 一直沒有進展，就會影響 O 的實現。

另一種情況是，這個 KR 在實際運用過程中，進展雖然比較順利，但可能與實際要達成的 O 漸行漸遠，也就是說這個 KR 在選擇上是有問題的，KR 與 O 的關聯性雖強，但發現這個 KR 會存在潛在的風險，這種風險當初在選擇時，並不能展現出來，只有這個 KR 執行了一段時間後，才被發現有潛在的問題。

比如招募經理例子中的 KR1「加入候選人所在社群 20 個」，設想雖然美好，但現實卻很殘酷，當你被拉進某 IT（Java）社群後，就因為發布招募廣告而被人踢出社群了，再試還是如此，這個時候你是準備放棄這個 KR，還是反思錯在哪裡呢？IT 社群的成員，都是以工程師居多，他們喜歡新鮮、刺激、有趣，不喜歡一本正經地說教，所以想清楚面對的人群的特點後，你應該換個策略，換個漂亮的頭像，用私訊的方式，逐一傳送私人訊息溝通，與工程師談公司的未來發展、談公司裡的技術高手，當然也要談公司的福利多，這樣就可能招募成功了。

我們的思考往往被績效考核的邏輯所制約，在績效考核的語境中，就算某個考核指標設計得不好，中途也很難更換，直到考核期結束後，才能在下一個考核期更換，這就造成績效考核的僵化。而 OKR 是為目標負責的，一旦發現某個 KR 在執行過程中不能真正有效達成效果，就必須立即進行更換，而不是等季度週期評估後再替換。

3.4 關鍵結果的調整要關聯

安迪・葛洛夫（Andrew Grove）在《葛洛夫給經理人的第一課》（*High Output Management*）中提出了一個觀點：

經理人的產出＝他直接管轄部門的產出＋他間接影響所及部門的產出

他還更進一步總結出一個公式：

經理人的產出＝組織產出的總和＝槓桿率 A×管理活動 A＋槓桿率 B×管理活動 B……

在這個公式中，經理人所從事的每一項管理活動（管理活動 A、B……）對整個組織都有或多或少的影響。**而對整個產出的影響有多大，則在於這一項活動的槓桿率有多大**。一個經理人的產出便是這些乘積的加總。顯而易見，為了有較高的產出，**經理人應該把精力放在槓桿率較高的活動上**。

經理人的生產力即其每一個單位時間的產出，可透過以下 3 種方法來增加：

（1）加快每一項活動進行的速度。

（2）提高每一項活動的槓桿率。

（3）調整管理活動的組合，摒棄低槓桿率的活動，代之以高槓桿率的活動。

關聯就是相互間有影響，「相關定律」是指人們在進行創造性思考、尋找最佳結論時，由於思路受到其他事物已知特性的啟發，便聯想到與自己正在尋求的思考結論相似和相關的東西，從而把兩者結合起來，達到「以此釋彼」目的的方法。在物理學史上有許多著名的科學家，無一不

是具有很強的聯想力。伽利略透過觀察吊燈而發現擺的等時性、阿基米德在洗澡時領悟出浮力的作用、詹姆士・瓦特（James Watt）由水壺蓋被頂起而發明蒸汽機⋯⋯他們都是由一個小的現象得出了一個大結論，最終創造了舉世矚目的偉大成就。

　　在 OKR 的應用中，管理者及員工就要像經理人一樣，專注於對 O 產出影響最大的槓桿率對應的活動上，當要對 KR 進行調整時，要考慮到與 O 相關的 KR 會有哪些，並找到產出影響最大槓桿率的那個 KR，也就是說，當要重新調整 KR 時，一定要考慮有全面關聯性的 KR。

　　再回到前面招募經理的例子，哪一個 KR 的槓桿率最大呢？顯然是 KR1「加入候選人所在社群 20 個」。因為加入 20 個社群，每一個社群以 300 人計算，就有 6,000 人，這些人同質化率很高，假設成功率為 10％，就有可能招募到 600 人，對 O 的目標實現會產生很大的影響，這個 KR 帶來的潛力無限。

第 3 章　關鍵結果要有可挑戰性

第 4 章
該如何用 OKR 激勵個體

目前，企業都面臨著「Z 世代」、「00 世代」新生代進入職場的挑戰，新生代的人群未必願意在過程中被控制，被指揮，也不是能夠按照既有傳統經驗機械性地執行任務的人，他們有衝勁、有知識、有創意，因此他們更需要的是一個允許他們創新的工作環境，讓出空間給他們充分去發揮。如果是這樣的話，企業的管理階層能掌握的事情是什麼呢？緊盯著目標不放，要求「產出導向」，過程中讓員工放手去做，這樣才有可能充分地發揮員工的潛力，從而激發企業的活力。

第 4 章 該如何用 OKR 激勵個體

4.1 如何讓 OKR 有挑戰性

在 OKR 的語境中，什麼是有挑戰性呢？OKR 的 O 要有挑戰性，就是全身心投入、全力以赴地工作，即便如此，OKR 的 O 也只能完成 60% 至 70%，才是常態。

問題是如何才能設定出有挑戰性的目標？因為人的本能是「追求快樂，逃避痛苦」。人究竟為什麼會努力工作呢？不同人的動機不一樣，有的人為錢工作，有的人為名工作；但約翰‧洛克[011]（John Locke）發現很多人有自我實現或者挑戰自我的需求，他們很多時候僅僅就是為了實現自己的某個目標而工作。

因此，約翰‧洛克認為目標本身就具有激勵作用，正確的目標能把人的需求轉變為動機，激勵人們自覺地朝著一定的方向努力，並最終完成預設的任務。那什麼樣的目標才具有較強的激勵作用呢？

4.1.1 目標設定的 5 項原則

1. 目標要明確

明確是目標設定的基本原則。明確的目標往往比較具體，具有不同的衡量方式，並且具有明確的結束時間，這一點和 SMART 原則中的具體、可衡量以及時間導向是完全一致的。如果目標明確，你的方向就會明確，很清楚還有多遠就能達成並超越它；模糊的目標讓人無所適從，只能成為口號，不具有任何激勵作用。

設定目標的時候要盡量使用明確的數值。例如，銷售業績成長 10%，而不要使用模糊的概念，如盡力提高銷售業績。

---

[011] 約翰‧洛克是英國思想家、哲學家和政治家，西元 1690 年出版了《人類理解論》（An Essay Concerning Human Understanding）一書。

2. 目標要兼顧難度和重要性

目標應當既具有挑戰性又能夠達到。有挑戰性展現在兩個方面，不僅要求目標具有一定的難度，還要求具有相當的重要性。目標的難度是目標自身的一個特點，而重要性則取決於個人或公司的使命。對業務人員來說，多見客戶、多簽單的目標一定比多參加銷售培訓更重要。一般情況下，在一個人的能力範圍內，重要的和難度較大的目標往往會帶來較高的工作熱情，因為完成它不僅帶來較好的利益，還會帶來較高的成就感。

SMART 原則中的相關性和該項是一致的，相關性要求你的目標和個人或公司的使命一致。相關性越高的任務，其重要性也越高。

3. 目標要責任明確

責任明確原則更加適用於團隊的目標。通常來說，團隊目標比較大，必須拆分成很多子目標才能完成。責任明確的原則要求每個子目標必須有明確的負責人。這個負責人必須完全理解團隊目標和自己所要負責的子目標，理解只是基礎，最重要的是這位負責人必須完全同意並接納所分配的任務，換句話說，責任人必須願意為分配的目標「負責」。什麼樣的目標才能夠讓人完全「負責」呢？通常來說，一個目標由他本人設定並和他的利益相關，他的動力就強。在一個團隊之中，不可能所有的目標都要得到參與者的認可。通常讓所有的人了解完團隊目標後，由團隊領導者將更小的任務分發下去，如果團隊成員覺得自己的目標和團隊目標是一致的，並且分發任務的領導者是完全可以信任的，那小組成員也傾向於對自己的任務具有較高的責任心。

一個有意思的現象是目標的難度越大越需要較強的責任心，因為如果目標的難度較大，團隊的領導者在制定目標的過程中需要更多地讓團

第4章 該如何用OKR激勵個體

隊成員參與，甚至是採用逆向方法，由組員首先制定各自的目標，然後由團隊領導者綜合這些目標，確定和預期的差別；對於差別部分，或者加入更多的成員，或者加強激勵的力度。

4. 目標要可回饋

正確地設定目標僅僅是成功的第一步，實現目標的另一個重要因素是回饋。由於外在環境處在不斷變化之中，回饋可以讓你重新審視你的最終預期或者調整目標的難度，也給了你推銷自己的成果以獲得他人認同的機會。回饋的結果是一系列的進度報告，當目標需要花費很長時間的時候，這些進度報告顯得尤為重要，它們是每一個階段的總結。

這一項原則對應於SMART原則中的可衡量。當一個目標耗時比較長的時候，你也可以分步完成，這就和建造一座大廈一樣，每建一層就進行初步驗收，最終大廈建成後你只要進行簡單驗收，就有把握大廈沒有問題。

5. 目標要考慮任務的複雜性

任務的複雜性和目標的可挑戰性具有相似的作用，但是任務和目標所對應的範圍是有所差異的，一個目標通常被分解成很多小的任務。複雜性要求分解的過程必須科學，每一步都具有適度的可挑戰性。但是複雜的任務也帶來兩個問題：第一，要以相對「特殊」的方式對待完成任務的人，其目的是為完成目標建立良好的環境，避免任務失去控制。第二，將目標的可衡量性作為任務的一部分。由於所完成的任務具有較強的激勵作用，任務完成者很容易「沉浸」在完成任務的成就感之中而忽略了對進度的控制。因此我們應該做好以下兩點：

（1）提供足夠的時間、空間以及機會幫助執行任務的人。

（2）強調任務的可衡量，嚴格控制任務的進度。

任何理論的最終目的都是為了促進目標的實現，因此制定目標的人應該保障環境的順暢，避免讓人心灰意冷，從這一點又回到了 SMART 原則中的可實現性上。如何在兩者之間做到平衡，需要你有足夠的經驗。

4.1.2 平庸與卓越

什麼是卓越？

卓越就是可以不受眼前干擾，執著追求，保持自己最高方向和最佳狀態的人。例如，西南聯大的校訓是「剛毅堅卓」，是指人的品性上的培養，而不是什麼守規矩之類。要堅守的是這份不同於平常人的品性。

什麼是平庸？

2019 年 1 月，老任在 W 公司內部連發兩封電子郵件，稱準備過苦日子、放棄平庸員工；之後不久，老俞向 D 公司全體高階主管連續發布了五封公開信，直指 D 公司存在的種種問題，提出改革措施，並表態要親自上陣，擔任「三化」（標準化、資訊化、系統化）工作組組長，推動 D 公司內部效能最佳化，淘汰平庸員工。

商業領袖紛紛開始放棄平庸員工，那麼，到底什麼是平庸員工？

百科定義的平庸是：普通、尋常而不特別，碌碌無為。平庸也指平凡的人做著尋常的事，一生碌碌無為，尋常且不特別，無法做到受人矚目。

筆者認為平庸就是被眼前的景象淹沒。不要想著把自己和想要的樣子連繫在一起，你就會變成那樣，其實你就是你自己，不是靠追求關注，就能把自己變成是什麼樣的。只有自己發展好了，別人自然會來找你，「你若花開，蝴蝶自來」。

第 4 章　該如何用 OKR 激勵個體

如果你的第一部手機是 21 世紀初買的，那手機品牌十有八九是以下三個中的一個：摩托羅拉、愛立信和 Nokia —— 這是當時手機中的「三劍客」。當時它們占據了手機市場占有率的 80% 以上，其中 Nokia 一家占了 40%。當時的 Nokia 如日中天，絲毫不輸現在的蘋果、三星和小米。那個時候的管理學學者很喜歡研究這三家公司，並稱之為「卓越企業」。

如今，這些「卓越企業」去哪裡了？愛立信先是和索尼合資成了索尼愛立信（簡稱索愛），後來「索愛」不成，只剩下索尼了。

摩托羅拉則把手機業務賣給了 Google，而 Google 也在為這一塊業務的虧損發愁。相對而言，Nokia 的日子算是好過了，但其前景並不被看好，經常被用來襯托蘋果的偉大。

正是因為「各領風騷三五年」，所以以後在稱呼企業為「卓越企業」的時候最好謹慎一點。詹姆‧柯林斯（James C. Collins）曾經寫過兩本專門研究「卓越企業」的書 ——《從 A 到 A+》（*Good to Great*）和《基業長青》（*Built to Last*）。

遺憾的是，在《基業長青》這本書中列舉的 18 個「卓越企業」，在過去 10 年中有 12 家的財務表現都低於道瓊工業平均指數水準，其中迪士尼、摩托羅拉、福特、諾思通、索尼和惠普都在遭遇嚴重危機[012]。

為什麼那些「卓越企業」迅速變得平庸了呢？一個很重要的原因是這個時代的技術更新太快了，許多大企業都會面臨克萊頓‧克里斯坦森（Clayton Christensen）說的「創新者的窘境」，想要在每一次技術潮流中都保持持續領先已經越來越難了。

各種殘酷的事實說明，這個時代的不確定性大幅增加，優秀企業想延續自己的競爭優勢越來越難。只有極少數企業能實現從優秀到卓越的蛻變，但即便是這些已經登頂的企業也有走向平庸的一天，就像人總會

---

[012] 陳雪頻：卓越企業是如何走向平庸的 [J]．滬港經濟 2012（12）：13-13

生病、衰老一樣。所謂基業長青也不過是讓企業能夠在盡可能長的時間內實現了卓越，就像一個人在到了 60 歲還保持青春一樣。**研究企業如何從卓越到平庸，和一個企業如何從優秀到卓越一樣重要。**

卓越企業的發展軌跡類似於拋物線。一開始，這些企業的靈活性為它們贏得了規模、資金和穩固的地位，讓它們在短時間內成為一家優秀的大企業。但很快，隨著企業規模的擴大和競爭優勢的確立，官僚主義、權力鬥爭和驕傲自滿情緒如毒素般在企業中蔓延，隨著競爭環境的改變，這些企業很快被超越。

這樣的例子不勝枚舉。以 Nokia 為例，在功能型手機時代，Nokia 是當之無愧的王者。Nokia 在研發上的投入比蘋果還高，第一款智慧型手機和觸控式螢幕手機都是 Nokia 率先推出來的。

但由於 Nokia 在功能型手機業務上太成功了，它們沒有足夠強的動機去發展智慧型手機，決策流程越來越長，組織越來越官僚化，結果失去了智慧型手機市場的主導權，導致了蘋果手機的逆襲。

企業策略「老化」是另一個使卓越企業變得平庸的原因。管理學家加里‧哈默爾（Gary Hamel）認為，企業策略「老化」的主要原因是一個好的策略容易被對手仿效，而且市場上會出現更好的策略，而一個組織的運行機制往往是由當初制定的策略所決定的，要去改變一個企業的運行機制和企業文化非常困難。

隨著網際網路導致市場力量從賣方向買方轉移，傳統的 B2C 商業模式正在被 C2B 所取代，許多傳統製造業的策略都面臨老化的危險。以前他們只需要製造出有競爭力的產品，然後讓消費者購買就可以了。現在企業需要越來越多地傾聽消費者的聲音，多利用新媒體行銷和大規模客製化以及商業模式創新，然而很多傳統製造業企業無法完成這個轉變。

網際網路領域的企業崛起和衰落的週期變得越來越短。這些企業往

第 4 章　該如何用 OKR 激勵個體

往只花了十年就走過了傳統企業需要幾十年才能走完的發展歷程。十多年前，Yahoo 和 eBay 還如日中天，Google 和阿里巴巴剛剛嶄露頭角，Facebook 剛剛誕生。十多年後，Yahoo 和 eBay 用的人不多，Google、Facebook 和阿里巴巴則如日中天。

平庸並非宿命。在這個不確定的時代，企業想要盡可能長時間地保持卓越，依然有一些確定的規則：保持自己策略上的靈活性和適應性。企業必須不斷更新觀念，並進行多樣化的策略實驗，保持企業文化的開放性，保證諫言管道的暢通，避開奉承迎合的習氣，提高自己的「策略適應力」。

4.1.3　透過 OKR 的設定激勵人

1. OKR 要對全公司透明

每個人都可以查看任何一個人的 OKR，這需要非常開放的企業文化才能夠支持。此外，OKR 要求經理與員工之間要建立頻繁有效的溝通回饋，經理更多地擔任教練的角色，對員工進行輔導、教育多於批評；OKR 是弱管控的，因而對員工的自我管理意識要求也很高。

因為透明，所有實施 OKR 的人，都能彼此看到各自的 OKR 目標以及評分，所以 OKR 在實施的過程中，就會帶來無形的競爭、壓力、榜樣吸引、彼此 PK、目標對齊、引導、學習成長等，無形中產生人為的激勵作用。

2. OKR 目標要有野心、有挑戰

OKR 不希望目標在考核期內就達成，這一點同樣是 OKR 突破 MBO 的地方。在如今的時代，很多創新都是來自於資訊科技的突破，我們在做的是前人從未做過的未知領域，所以目標只是方向，必須「讓子彈飛

一會兒」，而且射擊打的是移動靶，因此打不中靶心是正常的，能打中 5 至 7 環就是合格，但打中 4 環也不一定是射擊者的錯，而可能是目標定得太高了。

越是有挑戰的目標，而且是一個相對長期才能完成的目標，就越能吸引那些想挑戰自我的人，因為當一個人有明確的目標，有自己想要的目標時，就會全力以赴、自動自發地去做，不需要人催促，也不需要人盯著。就像當年備戰大學聯考、指定科目考試等這一類重大考試，全都是自動自發地拚命苦讀。

在這個世界上，只有勇者才有資格談運氣。只有用充滿挑戰、有野心的目標，去激勵團隊成員，才能真正激發出團隊的凝聚力。那種擰成一股繩的戰鬥力，無比強大；每個人全力以赴，爭取衝刺成功的喜悅，無比激動人心。**這就是 OKR 的精髓，設定一個可挑戰的 O，不斷細分目標，運用打破常規的邏輯，突破慣例方法，想盡一切辦法，力求最快實現目標。**雖然這樣的 OKR 週期只有一個月，但完全符合 OKR 的精神，不要局限於週期長短，OKR 更看重的是目標要有挑戰，要有野心。

3. 自主需求，人都希望能自己主宰自己

「我做什麼，我決定。」自由是人們永恆的追求，而「自主」是自由的最基本部分。OKR 管理的本質是一種自我管理，是重回彼得・杜拉克提出的「目標管理」本源。杜拉克提出的目標管理，本質上是：透過目標管理，將員工「自由的個人」與「集體的共同福祉」有效結合起來。過去，我們在運用目標管理，更強化的是「上級目標的要求」。在制定的時候，員工的目標大多來自於上級的要求，從上至下為主要方式。但是，在 OKR 管理中，需要的是充分引導和發揮員工的自我主動性。

第 4 章　該如何用 OKR 激勵個體

4.2 如何激勵個體

網路社群上每隔一段時間就會出現五花八門的辭職報告合集：從最初的「世界那麼大，我想去看看」到後來更直白的「老闆，你給這麼一點錢，我很難做事啊。」2018 年 9 月，又有一封辭職信在網路上流傳。一個女孩列出了自己辭職的七大理由：

(1)沒時間交男朋友，看電影還要看好時間，只能看下午場，晚上 21：00 前還要到店裡。

(2)沒時間旅遊，想去韓國，訂好了機票，公司卻要求退票。

(3)沒有加班費，上班無期限。

(4)別人請假，自己逢年過節卻要留守。

(5)做不到趨炎附勢、溜鬚拍馬、左右逢源。維護公司利益得罪人，沒朋友到連一起逛街的人都沒有。

(6)沒有前途，開業時營業額是 280 多萬元，現在只有 40 萬元左右。見證過你的輝煌，也見證了你的衰退，無人管理，無人經營。

(7)不想混日子了，現在很多員工都是混日子，我還沒到混日子的年紀，沒辦法安逸。

亞伯拉罕・馬斯洛（Abraham Maslow）在逝世前發表了一篇重要的文章〈Z 理論〉（*Theory Z*），在文中他重新反思了他多年來提出的需求理論，並增加了第六個需求層次「超越自我」，進而歸納為三個理論，即 X 理論（生理、安全需求）、Y 理論（情感、尊重需求）及 Z 理論（自我實現、超越自我需求）。

因為在馬斯洛的五層次需求理論中，自我實現已是最高目標了，比如「運動員獲得世界冠軍、企業成功上市、個人實現了財務自由、考上名校」等，當這些原本就是很難達成的目標，一旦實現後，也就是當人

4.2 如何激勵個體

們一旦達到了自我實現後,接下來就會因為沒有新的自我實現的目標,而處於迷惘、徬徨的狀態,不能自拔。更關鍵的是,很多人的自我實現的目標,也不是終其一生才能達到的。但人生應該是在不斷追求、探索,這樣的人生才具有積極的意義。

而如今,「Z世代」、「00世代」的職場新人,大多已不再需要從最基礎的生理需求開始起步,他們跨越了生理、安全的需求,也跨越了情感需求,因為有各種網路社交平臺等可以宣洩情感的方式,他們的需求可以直接跳躍到尊重或自我實現。**人有被別人認同的需求,這是本能,而尊重就是對他人信念應有的重視,因為滿足了這一項本能,所以有了存在的意義。**

前述女孩的辭職信,就說明了她不甘心做目前這些工作,因為這些工作占用了自己大量的時間,又沒有價值,而自己想做的事,包括交朋友、去旅行又不能做到,心裡憋悶,再加上公司氣氛不好,到處是混日子、溜鬚拍馬的人,實在是不能忍受,所以才有了辭職的想法。

如今「沒有滿意的員工就不可能有滿意的顧客」的理念已深入人心,在成長於物質相對豐富時代的「Y世代」、物質有點過剩時代的「Z世代」和「00世代」成為職場主力軍的環境下,我們必須思考和研究現在「Z世代」、「00世代」這些職場新人,又有什麼樣的尊重需求呢?「自由不要被約束、做自己想做的事、獨立、工作和生活要分開、有自己的想法、不喜歡做重複的事、創新、能學到東西、不喜歡複雜的關係、不喜歡加班……」

為此,企業管理的理念、管理模式等該做出怎樣的變革是企業創新的第一步。有一點是明確的:員工們對物質以外的東西越來越關注和在乎。

4.2.1 打破中層和基層的被動思想

1. 組織的內耗

在不少企業中,老闆整天就是「忙」,忙開會、忙見客戶、忙應酬,哪有時間靜下心來想未來。而中層是「盲」,盲從、盲聽(見圖4-1)。組織的科層制結構,訊息是層層由下向上彙報,決策機制又是由上向下層層下達,這就導致了訊息和決策在傳遞過程中的衰減,最終失真。

公司內部的一項決議,從總裁辦公會議安排直到執行,兩個月的時間過去了,再次檢查時,發現沒有被完全貫徹下去,總有幾個部門會有各式各樣的理由,沒有及時完成任務,或做的事與當初的設想依然有較大差距,於是老闆在會議上發火,再次責令總裁辦公室督促整治。而一陣風雨過後,又慢慢恢復成原樣,除非這件事是老闆一直在盯著,不做到不罷休。

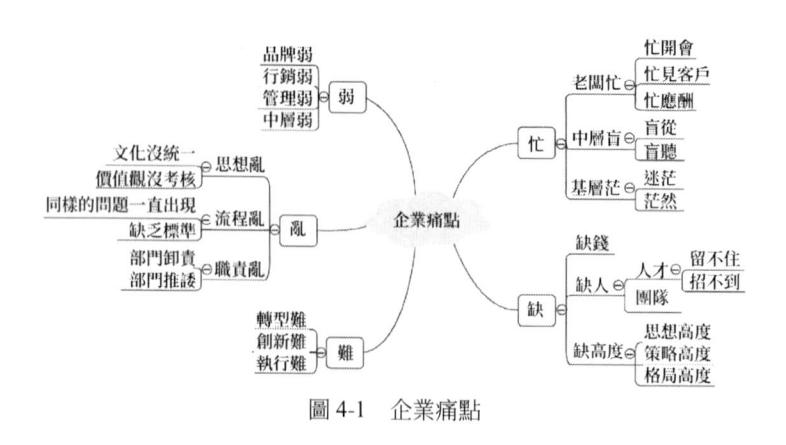

圖 4-1　企業痛點

這就形成了一個惡性循環,老闆和高管整天忙開會、忙應酬、忙見客戶,而公司的中層則是態度被動,透過層層彙報的機制,將訊息向上彙報,並等待老闆和高階主管的決策。在一般企業,最後的決策者都是老闆,而老闆並非全能的先知,樣樣精通,他又非常忙,因此造成不能及時拍板定案,所有的事都要拖到最後,而此時又到了非解決不可的地

步,才透過連夜開會的方式匆匆決定,但正因為決策倉促,需要不斷地改,導致最後的決策總是不完美。老闆會覺得很鬱悶,身邊有這麼多高階主管,但最後要用時卻沒有可靠的。而中層們也是一肚子怨氣,什麼事都要彙報,彙報完了又不及時決策,每次都是最後關頭再匆匆決定,因此造成錯失時機或決策落後。中層們也會覺得自己的才華沒有得到施展而心生不滿或失落。

而另外一種情況則是,與之相關的部門,為了展現各自的專業性都會站在本部門的立場上提出建議,卻沒有人站在老闆的角度去解決問題,更有甚者,為了本部門的利益,在實施或配合其他部門的工作中,往往更多的是展現本部門的職責,也就是制度和流程,以此來進行所謂的履行職責,從而增加了流程,造成整個事務的效率低下。

2. 科層制的組織結構影響了組織效率

科層制(又稱官僚制),是一種權力依職能和職位進行分工和分層,以規則為管理主體的組織系統和管理方式。圖 4-2 是科層制組織結構的演變過程。

直線制 → 職能制 → 直線—職能制 → 事業部制 → 矩陣制 → 網路型

圖 4-2　科層制組織結構的演變

(1)直線制組織結構: 最古老的組織結構形式,職權直接從高層向下「流動」(傳遞、分解),經過若干個管理層級達到組織最基層,如傳統工廠。

(2)職能制組織結構: 採用專業分工的管理者代替直線制的全能管理者,在組織內部設立職能部門,各職能部門在自己的業務範圍內,有權向下級下達命令和指示。

第 4 章　該如何用 OKR 激勵個體

（3）**直線－職能制組織結構**：對職能制的一種改進，是以直線制為基礎，在各級行政領導下設立相應的職能部門，即在保持直線制統一指揮的原則下增加了參謀機構（以部門效率和技術品質為出發點）。

（4）**事業部制組織結構**：把生產經營活動按產品或地區的不同建立起經營事業部，使得每一個經營事業部成為一個利潤中心，在總公司的領導下獨立核算，自負盈虧（以產品線或市場為出發點），如全球化企業。

（5）**矩陣制組織結構**：注重解決問題，縱向組織是職能部門主管下的各職能科室，橫向組織系統則是以產品、工程專案或服務專案為對象的專門小組，職能和專案雙重領導（以生產和技術為管理出發點），如專案型企業。

（6）**網路型組織結構**：網路型組織結構是職能制、矩陣制和事業部制組織結構的綜合發展，如大型的網際網路公司，具有三類以上的管理機構：1）按產品或服務專案劃分的事業部；2）按職能劃分的參謀機構；3）按地區劃分的管理機構。

從工業革命時代一直到資訊時代，科層制結構跨越幾百年，還可以同時存在並應用到各行業中。在傳統的企業組織中，上、下級之間形成了一條一絲不苟的訊息傳遞鏈，高層的訊息要經過層層傳遞到達基層，反之亦然，即「上情下達」與「下情上報」。在這種金字塔型組織結構中，縱向的管理層級之間等級明確，橫向的職能部門之間界限分明，這種分工方法逐漸形成了分工精細的職能層級式組織結構，也就成為目前許多企業通行的組織結構模式──科層制結構。

從橫向關係上來看，科層制最大的問題是「部門牆」，亞當・斯密和馬克斯・韋伯（Max Weber）所謂的分工實際上是「很難分清楚的」。在大多數科層制的企業，員工都會感覺到，一旦跳出本部門而涉及「橫向合作」，就難以獲得支持。在科層制下，原本兩個部門各司其職，但又不可

能做到涇渭分明，一定會存在一個區域是雙方的「交叉職責」。很多人不理解什麼是交叉職責，認為研發、供應、生產、銷售等職能分工都很清楚，但實際上並非如此。**分工的難點不在於界定每一個角色做什麼，而在於界定每一個角色在各種情況下做什麼。只要能夠找到沒有完成工作的理由，那麼職責就一定沒有劃分清楚。**

從縱向關係上來看，科層制最大的問題是「隔溫層」，馬克斯·韋伯、切斯特·歐文·巴納德（Chester Irving Barnard）是科層制理論的創立者和推進者，而通用汽車的阿爾弗雷德·斯隆（Alfred P. Sloan）則是科層制的最佳實踐者，分權帶來了更大靈活性也帶來了更多決策風險，而授權也很難把權力的邊界「劃分清楚」，導致上、下級之間溝通不暢，訊息傳遞不上來，任務落實不下去。

科層制原本的設想是，在專業分工之後將權力賦予各個層級，以便形成控制和監督的「鏈條」。因此，上、下級之間有明確的授權界限，上級決策和完成重要事宜（如某領域頂層策略設計），下級在上級的決策方向和工作結果的基礎上，決策和完成次重要事宜，以此類推，一直到將任務落實到最微觀的行動上。

橫向的「部門牆」和縱向的「隔溫層」，將企業分成了若干「小方格」。「小方格怪象」讓企業生出「大企業病」，效率低下、內耗嚴重。請注意，「大企業病」並不一定只有大企業有，越來越多規模不大的小公司也開始出現了「大企業病」，因為科層制也是它們的根本邏輯。

未來生態型組織的主流形態可能是大平臺＋小前端，企業平臺化，自組織，自管理，為各類透過自組織方式形成的小前端提供生長和創造價值的環境。以某網購平臺為例，上面的 600 多萬個賣家就是小前端，這樣的小前端才能夠滿足 C2B 模式的個性化需求。但是，我們要解決一個問題，這樣的小前端的規模效益如何保證，如何降低其成本，這就

第4章　該如何用OKR激勵個體

需要大平臺的作用。大平臺的作用就在於能夠建立一個分攤小前端的成本，為小前端共享的基礎設施。

以某韓式服裝品牌為例，由正三角轉為倒三角管理結構，由傳統的管理者發號施令轉向以客戶為中心的自主經營體，自主經營體由三角團隊（產品設計師、UI工程師、貨品管理員）組成並發出需求，由矩陣團隊為第一線自主經營體提供支持資源，再到管理者提供資源、發現機會，真正實現讓第一線來指揮（見圖4-3）。

平臺占據生態的制高點，掌握核心環節以後，營造好的環境，讓各個自組織的經營體在平臺上互相連結，向前、融合、共生、自演進、自循環。沒有平臺，就沒有自組織。大家只看到W公司讓第一線去做決策，沒有看到W公司的平臺建設。沒有平臺就沒有小前端，就沒有所謂的員工自主。沒有作為基石的生理時鐘，就沒有整個組織的中樞神經系統。

過去：金字塔式職能管理結構

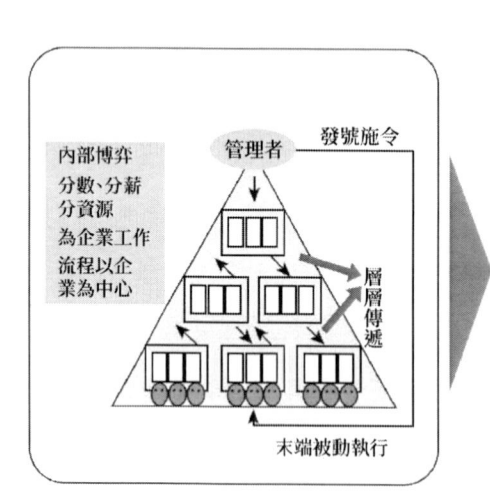

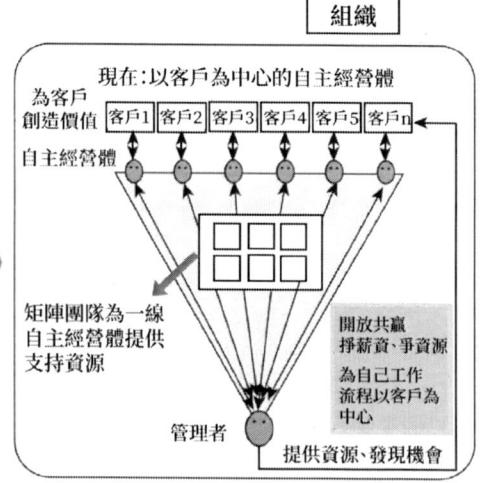

圖4-3　某韓式服裝品牌的管理模式由正三角轉為倒三角

4.2.2 做自己想要做的事情

要「做自己想要做的事」，就是能夠讓自己有興趣去做的、能夠從過程或結果中獲得正面的情緒體驗的事情。那些讓你朝思暮想的事情，那些讓你精神振奮的事情，那些讓你樂此不疲地投入其中的事情。就如孔子所言：「知之者不如好之者，好之者不如樂之者。」做自己想做的事、喜歡的事，是由興趣驅動的，可以激發出人的探索欲望，可以自動自發地不斷學習和工作，而最終走向成功。而 OKR 就是一種創新和激勵的工具，可以幫助個體為了實現自己的目標，而自我驅動去努力實現。

1. 上級的 KR 是下級的 O

在 OKR 的語境裡，上、下級的 O 是這樣設定的：「上級的 KR 是下級的 O，多個部門可以共領同一個 O」。為了確保目標在分解的過程中是可以追溯的，上、下級的目標是緊密關聯的，所以在目標分解的過程中，以上級的 KR 作為下級的 O，從而形成勾稽關係。另外多個部門可以共領同一個 O，就是為了拆開「部門牆」的隔閡，提高組織的協同效率，避免卸責、推諉的現象。

2. 3 ＋ 2 模式，才能真正激勵到個人

獲得成功和快樂的祕訣是什麼？有人說是財富。但其實不是。生活中那些擁有鉅額財富的人，沒有幾個是真正快樂的。**事實上，獲得成功和快樂的法則很簡單：做你想要做的事，拒絕你不想做的事。**

做自己想要做的事，將興趣與工作相結合，才是王道。關於如何找到自己的興趣，做真正的自己，是屬於自我修練和成長的範疇，就不在本書描述。本書重點講述如何將你的興趣與工作目標能夠結合起來。

就筆者自己而言，在職場做了 16 年的 HR，其中有 10 年的 HRD（人力資源總監）經歷，輔導過 3 家上市企業，幫助 1 家企業完成了 IPO 所需

要的盡職調查、無違規證明、公開募集說明書等一系列工作，還拿到了認股權。但在 2016 年 9 月，筆者還是決定辭職，因為感覺自己還有很多事可以做，而在職場則身不由己。

2016 年 9 月筆者進入 H 集團，由 HR 轉型為業務合夥人。2017 年出版了兩本書，其中一本就是關於 OKR 的專著，而 2019 年筆者計劃出版一本新的 OKR 專著（就是您現在看到的這本），而且筆者也轉型成功，透過培訓不斷宣傳「OKR ＋ KPA」的理念，也透過培訓不斷擴大影響力，並從培訓到顧問一路貫徹，讓更多的企業透過引進 OKR，從而提高企業的管理效率，激發員工個體。如果筆者還在職場，那就不是現在這樣，但相比而言，筆者慶幸選擇了目前的道路，因為自己喜歡，同時也有更多的成就感。

3 ＋ 2 的模式正好可以實現做自己想要做的事。3 代表下級的 O 中，有 3 個是來自於他的上級的 KR，將上級的 KR 作為下級的 O，可以層層分解組織的 O，從而將各個目標串成一個有內在邏輯關係的鏈條。而 2 代表著另外 2 個 O，是可以由下級自己提出的。當然在 OKR 的語境裡，關於 O 的設定是要上、下達成共識，也就是說，下級的 2 個 O，也是要上級能認可的，要與另外 3 個 O 是可以共識的，是有關聯的。

不要小看 3 ＋ 2 的模式，多數企業的管理都是以家庭、以父權、以服從為主線的管理，企業就是大家庭，CEO 就是大家長。當初創業時，很多企業都是以親情＋兄弟為核心團隊，各自分工，以親情或友情為紐帶，把大家連繫在一起，相互間也是滿滿的信任。在公司做決策時，以大哥為最後拍板人，然後大家一起向前衝，企業規模擴大後，再以股權連繫彼此，設立下屬企業時，也是由這些創業元老來擔任下屬企業的總經理。員工、基層主管卻很難踏進這個核心圈，需要被長期考察後，才有可能作為培養對象，被核心層所接納。

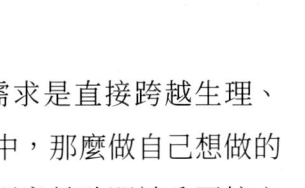

「Z 世代」、「00 世代」的職場新人，他們的需求是直接跨越生理、安全、情感而進入尊重甚至自我實現的需求層級中，那麼做自己想做的事，就是非常好的滿足他們的尊重需求。他們不願意花時間被公司核心層考察、接納，他們不畏懼權貴，也不想浪費時間去迎合，只想做自己想做的事，做有意義的事，所以 3 ＋ 2 模式，正好可以讓他們的「力比多」[013] 有合適的釋放場所。

4.2.3　突破自我限制

　　馬戲團裡有一種怪現象。年幼的小象都是用粗壯的鐵鏈拴著，而成年的大象則用一根普通的鐵鏈拴著，這一根普通的鐵鏈實際上根本束縛不了強壯的大象。可是，為什麼大象能乖乖地受束縛呢？那是因為從小開始，牠就被牢牢地束縛了，無形中牠認為自己突破不了這一根鐵鏈。

為什麼人會有自我設限的信念？

1. 習得性無助

　　當一個人多次努力卻反覆失敗時，就會產生「行為與結果無關」的信念，就可能將這種無助的感覺一般化到一切情境，甚至那些你自己本來可以控制住的情境，最後連自己的口頭禪都變成了「我不行」。

　　例如，有人從小數學成績就很一般，奧林匹亞數學競賽題目經常不會做，指考數學只考了及格分數，以至於習得性無助地給自己一個暗示「我的數學不好」。於是工作後，面對一切與數字打交道的內容 —— 資料分析、機率統計、做 Excel 表格，他的第一反應都是「這件事我怎麼可能做好」，以至於錯過不少機會。

---

[013] 力比多是一個心理學名詞，由弗洛伊德提出，這種使人設法尋求欲望滿足的動力稱為「力比多」。而「力比多」正是促使人做某件事的原因，精神分析理論認為人之所以會去做這件事是由力比多支配，人在與外界環境的互動中所產生的各種觀念不過是性本能（力比多）的一種比較委婉的展現。

2. 不願意走出「舒適圈」

這一點說白了就是一個字——懶。要讓人的大腦離開舒適圈，其實是相當需要意志力的事情。比如在選擇工作任務時，我們在心理上更傾向於選擇自己已經非常熟悉的工作，而非一個全新的、充滿挑戰的任務；承接業績目標時，我們更願意找各種理由為無法完成業績做鋪陳，而不是馬上跟老闆立軍令狀。

雖然待在「舒適圈」會讓我們的大腦很適應，但不幸的是，我們需要在一個相對焦慮的狀態下才能有最佳表現。任何自我鞭策以期達到更高水準的人都知道：當你真的在挑戰自己時，你做出的成果連你自己都會驚訝。

3. 怕失敗了「丟臉」

丟臉這件事的真相其實是，你越怕丟臉就越容易丟臉。比如，一個人講話有點結巴，因為怕丟臉，就不敢在公共場合講話，也不參加任何演講社團，結果只能是越來越結巴，越有可能丟臉。

4.3 如何設計激勵措施

實際上，對管理人員進行激勵並非一件難事。對員工進行話語上的認可，或透過表情的傳達都可以滿足員工被重視、被認同的需求，從而得到激勵的效果。

傑克‧威爾許（Jack Welch）說：「我的經營理論是要讓每個人都能感覺到自己的貢獻，這種貢獻看得見，摸得著，還能數得清。」當員工完成了某一項工作時，最需要得到的是主管對其工作的肯定。主管的認同就是對其工作成果的最大肯定。經理及主管人員的認同是一個祕密武器，但認同的時效性最為關鍵。如果用得太多，價值將會降低，如果只在某些特殊場合和員工獲得少有的成就時使用，價值就會增加。

激勵的要素如下。

(1)及時：不要等到發年終獎金時，才打算犒賞員工。在員工有良好的表現時，就應該盡快給予獎勵。等待的時間越長，獎勵的效果越可能打折扣。

(2)明確：模糊的稱讚如「你做得不錯」對員工的意義較小，主管應該明確指出，員工哪些工作做得很好，好在哪裡，讓他們知道，公司希望他們能重複良好的表現。

(3)讓員工完全了解：主管必須事先讓所有員工清楚地知道，將要提供的獎勵是什麼，評估的標準是什麼。舉例來說，不要告訴員工「如果今年公司做得不錯，你們就會得到資金」。要解釋何謂做得不錯、公司營業收入的百分之幾會成為員工獎金、這些數字如何定出來，以及員工可以在何時拿到獎金。清楚地制定遊戲規則，更能鼓舞員工有目標、有步驟地努力。

第 4 章　該如何用 OKR 激勵個體

（4）為個別員工的需求量身定做：公司提供的獎勵必須對員工具有意義，否則效果不大。每一位員工能被激勵的方式不同，公司應該模仿自助餐的做法，提供多元化獎勵，供員工選擇。例如，對上有雙親、下有子女的職業女性而言，可能給予她們一天在家工作的獎勵，比大幅加薪更有吸引力。

4.3.1　選全場的 MVP

目前，某些企業對 OKR 的激勵還是要依靠物質激勵。但問題是，企業已有了績效獎金，不可能再將績效獎金轉化為 OKR 激勵，因為這樣的話，OKR 就會淪為績效考核的工具，那與 OKR 的初心就相違背了。但如何才能說服老闆再拿出一筆資金作為 OKR 的激勵呢？

OKR 在西方是沒有物質激勵的，但在目前的管理中，OKR 要求的難度比 KPI 高很多，OKR 裡設定的工作也是更加有挑戰性的，績效都有獎金，如果 OKR 反而沒有物質激勵，很難有效推行，但 OKR 又不能像績效考核一樣按分數排等級，分配獎金。在上一本書《目標與關鍵成果法：盛行於矽谷創新公司的目標管理方法》裡，我提到 OKR 的激勵可以參考用美國 NBA 籃球賽選 MVP 的方式，選出全場最佳 OKR 獎，所有參與 OKR 實施的人員以「最具有野心的 OKR」作為唯一標準，每人投票選出獲獎人選。在這裡還是要補充一下，在企業選「最具有野心的 OKR」的實踐過程中，需要注意的地方。

在一些企業，因為資訊工程、研發部門存在人數的不均衡，有些部門人多，而有些部門人少，這樣在投票時，人數占多的部門就會因此占優勢，那些人數少的部門就會因此吃虧，因此在實施中，建議設立「三人」小組，由基層員工選派產生，對位於 TOP 10% 的人選進行審查，一旦出現有拉票行為或有其他排名在後，但比 TOP 10% 的人更有野心和挑

戰的，可以一票否決出局，由下一位順勢晉升一位排序。

另外就是關於 TOP 的比例，到底應該設多少合適，在 OKR 的語境裡，OKR 只能激勵自動自發的人，這部分人一直就是少數人，因此對於這個比例我認為在剛開始實行 OKR 時，不宜突破 20%，應該從 10% 開始，然後隨著 OKR 持續產生影響力，再慢慢擴大這一項比例，但最終也只能到 20%，不能像 KPI 一樣，全員都有。

MVP 評選標準最重要的有以下三點：

1)率領球隊獲得好成績。

2)身為球隊的核心作用要立竿見影。

3)能夠使隊友變得更好。

以上三點為籃球賽的 MVP 規則，作為 OKR 的全場 MVP 如何評選得出？

1)透過自評分數的彙整，得到每一個部門或小組的 OKR 分數排名。

2) Peer review（員工評估）以是否有野心為第一標準，重新進行部門或小組排序。

3)得出最有野心的各部門或小組前 3 名的名單。

4)對於這些人進行全場 PK，最後全場投票得出全場最有野心的 OKR 前 5%。

年度最佳評選還是遵循 OKR 的評選規則，以員工評估的方式進行：

1)全年 4 個季度的 MVP 人選已產生。

2) 4 個季度的 MVP 作為總候選人。

3)以全員投票的方式，評選出唯一最具有野心的 OKR 獎。

年度最佳獎項有：最有成就獎、最佳實踐獎、最有創意獎、最有潛力獎、最具影響獎等。此獎以本人認領加 PK 方式，獲得全場通過。各

類獎項都有豐富的獎品。

因為 OKR 的分數在一個季度裡，是不可能達成 1 的，分數在 0.8 至 0.9 說明目標不夠有野心，分數在 0.2 至 0.3 說明 KR 設定得太有挑戰性了，基本上沒有進展。所以分數的高和低都不能真實地反映 OKR 的實施情況，另外一旦形成了規律，無論是以高分或是低分排序，就很容易讓人找到規律，那最後就會演變成績效排序的效果，又被淪為績效工具。所以評選、投票的唯一依據，就是以「最具有野心」為唯一標準。另外一點，績效獎金是每人都有，因而演變成一項基本收入，不可或缺，也就沒有激勵的作用。

所以 MVP 不只是精神獎勵，而是一個非常難得的獎勵，因為相比 KPI 而言，能當選本季度 MVP 是要比 KPI 付出更多的努力和精力，所以這樣向老闆申請特別的 OKR 獎勵，也會比較容易。

4.3.2 樹立標竿

「以人為鏡，可以明得失」，標竿不僅是一面鏡子，也是一面旗幟。管理者要在團隊中樹立標竿，用標竿的示範作用帶動其他員工進步，進而提高團隊的整體競爭力。標竿就是榜樣。樹立榜樣就是為學習對象的行為提供參照，一旦榜樣學習者將榜樣確定為學習模範，也就確定了未來的目標，進而努力使自己的行為與榜樣保持一致。因而樹立標竿也被看作讓團隊永保活力的有效措施之一。

標竿激勵的方式之所以有效，從心理學上來講，主要原因有以下兩個：

1）每個人都有自尊，都不肯屈居他人之下，因而標竿能對後進者產生心理上的壓力，從而激勵他前進。

2）榜樣的示範作用。標竿即一個值得模仿的榜樣。心理學的研究顯示，人是最有模仿性的生物，人的大部分行為是模仿行為，而榜樣則是模仿行為發生的關鍵，它發揮著重要的示範激勵作用。

標竿在公司有兩個非常重要的作用，一定要讓其發揮出來：第一個，就是突破創新。標竿在公司某些方面一定是業務能手、技術能手，代表著公司在某個領域的最高水準，也最有機會幫助公司在這方面獲得突破性進展，因此一定要發揮他們的能力，為公司某方面的突破做出貢獻。第二個，就是要求標竿複製其能力，讓標竿把自己的能力、知識、技能、經驗、教訓都整合、歸納起來，並負責培訓、傳承，讓一個人的智慧變成公司集體的財富。

那標竿人物如何產生呢？就從 OKR 季度和年度 MVP 中產生，因為 MVP 是由大家公投產生的，因此具有較強的認同度和公信力，這樣的人作為標竿人物，可以更多地將 MVP 的事蹟、業績、創新等，用故事、自媒體的方式，進行全面的報導和宣傳，並在每一個季度的員工大會上，進行表揚，這樣就能發揮榜樣的力量。

4.3.3　給予特別獎勵

很多時候，我們習慣的激勵就是給予被激勵對象豐厚的物質獎勵，**激勵其實從心理學的角度來看，就是要產生「獲得的滿足感」**。但同時人又會因為產生了滿足感，而很快失去這種愉悅的滿足感。物質的激勵只能發揮短暫的作用，因為那種愉悅的刺激無法持久。激勵的核心就是刺激，所以要讓這種刺激不斷發生，就能讓人不斷重複體驗，就可以延長這種刺激。另外，這種刺激不光是對被激勵的人有影響，同時還可以影響到其他人，讓其他人能感受到持續地被刺激，這才是激勵作用的最大化，只有這樣的刺激，才能真正讓激勵持久。所以延遲享受，是為了獲

得更大的滿足感。很多人在追求成功的道路上，就像登山一樣，享受登山的一路風景和那種累，真正登頂後，只會短短停留幾十分鐘。

為季度 MVP 頒發的特別獎金，要比績效獎金的額度高出 2 至 3 倍，因為能被評選為頂尖的 10%，說明他們的表現要比用績效考核的表現高出許多，因為有野心。只獎勵頂尖的 10%，又提供高額的獎金，同時還要在公司官網、社群網路、榮譽牆等載體上榮譽宣傳，再給予特別的 MVP 午餐，持續一個季度，讓這種激勵持續，也讓這種影響不斷發酵，讓別人豔羨，其他人會想要成為下一個季度的 MVP。當下一個季度的 MVP 換別人了，想想原本已習慣了每天的 MVP 午餐，見慣了別人對自己羨慕的眼神，突然這一切換成別人了，之前被評為季度 MVP 的人會受得了嗎？於是又會比之前更努力了，如此一來，你的團隊成員會不斷和你商量提高 O 的標準，或主動迭代 KR，團隊成員都自動自發地工作，作為團隊主管的你，對這樣的情況是不是會喜聞樂見？

4.3.4　用合夥人制激勵

「目前時興的『事業合夥人制度』，實際上是以人力資本為紐帶的合夥人制度，主要是基於人力資本成為企業價值創造的主導要素，人力資本在與貨幣資本的合作與賽局中，擁有更多的剩餘價值索取權與經營決策話語權，**基於共識、共擔、共創、共享的事業合夥機制，淡化了『專業經理人』僅僅為股東工作的觀念，打破了『專業經理人』作為僱傭軍的局限，重構了組織與人、貨幣資本與人力資本的事業的合作夥伴關係。**」事業合夥人制，不僅可以幫助企業吸引、留住人才，更能幫助企業完善管理。

首先，事業合夥人制度讓組織架構更加扁平，使每一個團隊有了更大的決策空間，也讓決策更加快速。與此同時，管理層級的扁平化能夠讓每一位管理者直接聽到最基層的聲音。

其次，這種制度加強了一個整體團隊的建立。過去是一個團隊由幾個人負責，相互制衡，免不了會產生各種摩擦，而事業合夥人制是一個共同創造利益的整體，少了猜忌，多了信任。

事業合夥人制不僅僅是一種簡單的制度，更是一種分享機制、發展機制和管理機制。事業合夥人內部創業是企業持續成長的可行性方式，我們可以與創業型的員工有系統地、充分地溝通，可以在企業內部設立新產品開發小組或新事業部，各業務部門獨立核算，也可以在企業外部設立衍生的合資公司或獨資公司以開發或收購新專案，這樣既滿足了創業型員工的創業夢想，又讓公司獲得了更進一步發展的空間。

1. 事業合夥人是一種分享機制

2014 年，K 公司推出了事業合夥人持股計畫和專案跟投制度，K 公司核心團隊從此跟隨股東成為公司的投資者。無論是核心骨幹持股計畫還是專案跟投制度，都引入了槓桿。這意味著，事業合夥人團隊將承受比股東更大的投資風險。

共創、共享是專業經理人和事業合夥人與股東關係中的共同點。但是，共擔是事業合夥人與專業經理人最大的區別所在。在存在浮動薪酬、獎金制度和股權激勵的情況下，讓專業經理人不能坐享高收入，而需透過自己的經營才能與股東共創事業、共享收益，但事業合夥人卻將與股東的關係提升到了新的高度：共擔事業風險，一榮俱榮，一損俱損。

它採用兩種方式，第一種是核心骨幹持股計畫，主要是針對上市公司。核心骨幹擁有股票後，身分就轉變成專業經理人和事業合夥人二者合一，既為股東工作也為自己工作。這樣股東跟員工的身分因為利益基礎而變得具有一致性。

第二種是專案跟投制度，即以後 K 公司新開的專案，該專案所在一線公司的管理階層和該專案管理人員必須跟隨公司一起投資，公司董

第 4 章　該如何用 OKR 激勵個體

事、監事、高階主管、管理人員以外的員工可以自願跟投。為了保證員工參與的積極性，把員工變成股東，還設定了「初始金額跟投不超過5%，根據專案的進度拿分紅，利潤分享制度」等方式。以前薪資拿得再高，也是為公司工作，現在變成為自己工作，就等於生意做得越大，錢分得就越多。

事業合夥人制度培養的，不僅是忠於職守的專業經理人，更是具備企業家精神和企業家才能的經營者。在創業的過程中，沒有其他任何資源比這兩者更加重要。

2. 事業合夥人是一種發展機制

M 公司的創始人認為，單打獨鬥已經成為歷史，未來創業的趨勢將是合夥制。這種合夥制的目的是什麼？就是要打造一支卓越的創業團隊，就是吸納和凝聚更多的優秀人才共同打天下。M 公司創業團隊 8 個人中，每個人都能夠獨當一面，創業團隊的平均年齡為 43 歲，都實現了財富自由，不再只是追求賺錢，而是追求拓展事業，從而獲得事業成就感。這些人因為解決了基本的生存問題，不再為五斗米折腰，他們想實現共同創業，做出一番偉大的事業，因此，這些人創業的時候完全可以不拿薪資，而且他們願意共擔風險。

總之，M 公司找合夥人的最終目的是要找到最聰明、最能幹、最合適、最有意願並願意合作的創業人才。標準有三個：首先要有創業者心態，願意拿低薪資；願意進入初創企業，早期參與創業，有奮鬥精神；願意掏錢買股份，認同公司目標，看好公司前景並願意承擔相應風險。

3. 事業合夥人是一種管理機制

齊創共享的事業合夥管理平臺，是 N 集團發展的核心動力。N 集團模式，實際上是管理合夥機制、事業合夥機制。N 集團的 2016 年銷售收

入為2,360多億元，盈利520億元，占整個創新板20%的利潤。為什麼N的利潤率能超過高科技企業？原因在於N集團創造了一個事業合夥管理機制，它透過建立管理平臺，透過網際網路把56,000個家庭農場連結在一起，而這56,000個家庭農場全部是農場主人自己掏錢投資，產權歸農場主人自己，但共同在一個事業與管理平臺上經營與生產。

這樣做的結果是什麼？第一是輕資產，如果一個企業自己投資建56,000個家庭農場，投資成本是非常高的。第二解決了責任心的問題。農場都是在很偏僻的地方，專業經理人基本上不願意去。但是如果農場是自己的，很多人甚至吃住都在農場，就解決了生產作業的責任心的問題。

N集團為56,000個合夥人建立的是一個齊創共享的事業合夥管理平臺，家庭農場的產權不變，只是共享一個事業平臺、一套基於網際網路的管理平臺。既有大企業的規模與協同效應，又有小企業的活力與效率。這一套以共享事業與管理平臺為核心的合夥機制，可歸納為32個字：資訊上移、平臺管理、責任下沉、權力下放、獨立核算、分布生產（自主經營）、共識共擔、齊創共享。

第 4 章　該如何用 OKR 激勵個體

第 5 章
OKR 與績效考核之間的衝突

　　OKR 的最大用處在於透過辨識目標（O）和關鍵結果（KR），保持對齊，頻繁更新，從而在當今競爭日益激烈的商業環境中，讓企業級的目標與部門級的目標，以及團隊級甚至個人的目標保持對齊，並使行動更加敏捷，與環境保持適配，從而提高企業的經營業績。

　　當前的績效考核工具如 KPI 等飽受批判，認為其遏制了創造力，催生了投機行為，扭曲了企業目標等。KPI 系統被附加了太多元素以致臃腫不堪，與日俱增的複雜度的確是不爭的事實。並且 KPI 並不能對企業的各部門都產生有效的作用，甚至為了考核而考核，只選擇那些可以量化的指標進行考核，不能量化的就不考核，導致了考核的僵化。

　　OKR 作為一種純粹的策略性效率工具，保留其鼓舞人心、勇於挑戰的特質，避免與薪酬相關所帶來的行為扭曲。這種保持過程敏捷與結果追求之間恰當平衡的觀點，才是核心。

第 5 章　OKR 與績效考核之間的衝突

5.1　兩者在理念上的衝突

我在做 OKR 內訓或公開講課時，與學員討論最多、也是最激烈的話題就是「KPI vs. OKR」。這是兩個不同的系統和語境，如果放棄 KPI，只用一套 OKR，那績效獎金如何分配？如果 OKR 的結果與績效獎金相結合了，那 OKR 就會重蹈 MBO 的覆轍，失去了最具有原動力的「有野心」。那要保持 OKR 的原汁原味，取消績效獎金，員工會答應嗎？企業局面還會穩定嗎？創新和變革會有人做嗎？這邊是現行的績效考核不如人意，那邊又要弄 OKR，兩個系統都要維護，導致很多 HR 也為之頭大，表 5-1 展示了 KPI 和 OKR 在理念上的不同。

表 5-1　OKR 與 KPI 在理念上的對比

	KPI	OKR
名稱	關鍵績效指標（Key Performance Indicator）	目標與關鍵成果法（Objectives and Key Results）
業務邏輯	透過完成關鍵業務指標實現目標	透過完成關鍵結果實現目標
操作要點	（1）自上而下分解和分配業績指標； （2）目標盡可能指標化； （3）績效薪酬與 KPI 得分直接相關	（1）自上而下分解目標，員工目標向經理確認；關鍵結果及任務與經理溝通後，員工自己確定； （2）關鍵結果不一定指標化； （3）績效薪酬與 OKR 得分不直接相關
管理邏輯	（1）只看結果，不問過程； （2）KPI 是管理控制工具	（1）緊盯目標，並管理過程； （2）OKR 是溝通和員工自我管理工具

	KPI	OKR
優點	（1）大幅刺激員工的工作積極性； （2）想要得到什麼，就考核什麼	（1）考慮了 KPI 的優點，對關鍵結果進行考核，又彌補了 KPI 的不足，即以目標而非以「預定的結果」為導向； （2）OKR 自定原則，會更進一步發揮員工的積極性； （3）加強管理者和員工日常針對工作目標和標準的積極交流； （4）不過度強調 OKR 結果，而強調目標實現，讓工作更加靈活，且更利於鼓勵創新； （5）薪酬激勵與綜合評估有關，OKR 只發揮參考作用，更具科學性
缺點	（1）為了績效薪酬，過於關注 KPI 的數值，而忘記了任務的初始目標； （2）有許多目標無法或不適合指標化，否則容易將業務引入失誤； （3）過程中管理者與員工缺乏有效溝通，只討論 KPI，而不討論目標和環境	（1）需要有高度責任心和重視貢獻的員工； （2）需要更加勤勉的管理者

第 5 章　OKR 與績效考核之間的衝突

	KPI	OKR
理論基礎	源自傳統的控制和激勵理念：人都需要明確的工作結果導向，這樣會有一個明確的尺度來檢驗自己工作的好壞。一般來說，如果薪酬與該結果相關，結果才容易被達成。這也是超額獎金制的另外一種應用方式	源自彼得・杜拉克的目標管理：核心思想是放棄命令驅動的管理，擁抱目標驅動的管理。目標管理包括：（1）把經理人的工作由控制下屬變成與下屬一起設定客觀標準和目標；（2）讓下屬靠自己的積極性去完成工作；（3）共同認可的衡量標準和目標，促使員工用於自我控制和自我管理，即自我評估，而不是由外人來評估和控制

　　絕大多數企業在推行績效時所用的工具就是 KPI，KPI 的最大特點就是量化，因為量化的結果比較容易考核，因此 KPI 對業務部門如業務人員、生產一線的員工相對容易考核，因為指標容易採集：銷售收入、銷售利潤、毛利、回款、銷售費用、客戶數量、成品率、廢品率、單耗等指標，都是大家容易接受的。而其他非業務部門的考核因為不易量化，大多數只是泛泛的幾個考核指標，考核的結果是根據考核分數的等級，進行績效獎金的分配。這是目前絕大多數企業績效的現狀。而且目前員工的薪酬之中，都有績效薪資這一部分收入。

　　OKR 最鮮明的特點是：不是績效考核的工具，OKR 的分數不與績效相關，也就不能作為績效獎金的依據。只有切斷了與績效考核的關聯性，才能使得 OKR 的目標不受績效考核的約束，可以自由飛翔，從而能夠變得更具有野心，這是革命性的變化。在 OKR 之前的所有管理思想如 BSC、MBO 都是與績效工具 KPI 相結合的，最後都淪為績效考核的工具並與績效獎金相關，無法實現思想的自由。

5.1.1 OKR 不是績效工具

OKR 的最大特點就是「目標要有挑戰、有野心」，而有挑戰的目標是一個相對長期的目標，不可能在一個季度內就完成，這樣就會造成在季度評估時，分數偏低，可能在 0.6 至 0.7 分，也可能在 0.3 至 0.5 分（每個 O 的總分為 1 分）。而且 OKR 的分數結果，不與績效獎金相關，這樣才能讓 OKR 真正實現，可以設定遠大而有挑戰的目標。

所以 OKR 不是績效考核工具，因為績效是要與績效分數相結合的，績效分數要與績效獎金相關，就會造成因為扣分就會扣績效獎金，所以在目標設定時，就不會設有很高挑戰性的目標。而 OKR 不是績效工具，就不會有目標不能完成而影響到績效獎金的顧慮，沒有制約，目標的設定也就有了更大的可挑戰的空間，當一直在追逐可挑戰的目標，並持之以恆時，就已經超過了 90% 的同行。

1.OKR 更聚焦，OKR 不是考核工具，把精力集中在重要的事情上

OKR 是要有一定的野心和可挑戰性的，OKR 要求員工在和組織的目標保持一致的前提下，希望員工站得更高，看得更遠。隨時提醒員工當前的任務是什麼，不偏離組織的大方向，相信和依賴員工會自主性和創造性地完成任務，從而在自由和方向上和組織達成一種平衡。

不管是大型組織還是小型組織，每天的事情都有很多，也很雜，很容易忘記重要的事情。因此，把員工的注意力轉移到正確的目標上，是很重要的。OKR 是一個很好的工具，可以幫助組織裡所有的人理解：什麼對組織而言才是最重要的，以及你準備如何衡量你對組織的貢獻。

2.OKR 是公開透明的，激發員工的自覺性，讓員工獲得相互認同

OKR 的所有內容和達成的結果都是公開的，有利於激勵落後者。同時也有利於跨部門的橫向一致性，每一個部門的工作都需要依賴其他部

第 5 章　OKR 與績效考核之間的衝突

門的配合，團隊之間的合作是很重要的，公開透明能減少很多溝通成本和誤解，你可以隨時了解其他團隊的工作方向和進度，也能促進部門間的合作，最終實現組織的大目標。

3. OKR 評分，不是越高越好

在績效考核裡，當然是分數越高越好，但 OKR 卻不是。一般來說，KR 是用 1 的標準來設定的，是無法得到 1 的結果，如果達到了 1，就說明這個目標設定得太低，沒有激勵性。

OKR 不與 KPI 結合，可以割斷與績效獎金分配之間的關聯。一個明顯的表現就是主管在給員工評分時沒有了顧忌，OKR 分數的高低不會影響員工的績效獎金分配，這樣的評分就會更加客觀和公正，而且可以在 OKR 整個組織內進行比較，強調透明。

5.1.2　OKR 與績效考核的理念不同

「績效管理」這個概念出現在 1970 年代後期，在美國管理學家奧布瑞・丹尼爾斯（Aubrey Daniels）提出的理論框架中，績效管理是一個完整的系統，它把員工績效和組織績效相結合，將績效管理提升到策略管理層面。KPI 衡量重點經營活動，不反映所有操作過程，有利於公司策略目標的實現。

績效考核的核心理念之一是對績效結果負責。當進行員工績效考核時，透過績效評估為績效評分，沒有達成的指標就要扣分，再進行績效面談和回饋，指出員工績效考核中存在的問題，扣分的出處在哪裡，在下個考核週期裡應該如何改進，從而進入 PDCA 循環，即計劃（plan）、執行（do）、檢查（check）、調整（Adjust）。

績效考核的核心理念之二是績效分數與獎金等級相關。績效考核的分數高低，與績效獎金的多少是對應關係，很多企業對績效考核進行評分，因為分數與獎金相關，所以很多時候，員工的績效分數都很高，為了區別績效等級，會人為使績效分數符合常態分布，從而對不同等級的績效給予不同的績效獎金，達到績效激勵的效果。正因為績效考核分數與獎金相關，導致經理人不能客觀公正地評分，營造出你好、我好、大家都好的一團和氣現象。

　　績效考核的核心理念之三是績效指標盡量量化。目前絕大多數的績效考核工具是KPI，KPI的核心是指標要量化、數值化，這就導致了一種結果，凡是不能量化的指標，就不能納入考核，因此造成了KPI的績效考核形成了固定的模式，考核前先要設定出量化的指標。對於業務部門如銷售、生產等部門而言，因為產出比較好量化，KPI比較容易設定：銷售收入、利潤、回款、毛利、客戶數量、新客戶開發、產量、品質、合格品率、廢品率、單耗，等等。而對於非業務部門如人事、行政、財務、法務、資訊工程、開發等部門而言，KPI的量化指標很難設定，因為這些部門的產出不是唯一的，結果也不是可控的，這就造成KPI的量化指標很難設定，KPI在這些部門的考核很難落實，成為為考核而考核的形式主義。

　　整個20世紀的下半葉，是績效主義的繁榮時期，所有明星企業都是績效達人。**曾被公認為「世界第一經理人」的奇異前CEO傑克・威爾許，在其自傳中就寫道：「如果說，在我奉行的價值觀裡，要找出一個真正對企業經營成功有推動力的，那就是有鑑別力的考評，也就是績效考核」。**

　　2006年，索尼公司前常務董事土井利忠（筆名天外伺朗）發表了一篇名為〈績效主義毀了索尼〉的文章，在這篇文章裡他指出，索尼引入美國式的績效主義，扼殺了企業的創新精神，最終導致索尼在數位時代的失敗。

第 5 章　OKR 與績效考核之間的衝突

在 1980、90 年代，索尼因半導體收音機和錄音機的普及，創造了奇蹟般的發展。但是到了 2006 年，索尼已經連續 4 年虧損，2005 年更是虧損 63 億美元。土井利忠將失敗的根源歸結於績效主義：

1）績效改革，使索尼子公司總經理要「對投資承擔責任」，這就使得他們不願意投資風險大但是對未來很重要的技術和產品，而更願意做那些能夠立竿見影又沒有多大風險的事情。

2）績效制度的引進讓每一個業務單位都變成獨立核算的經營公司，當需要為其他業務單位提供協助而對自己短期又沒有好處的時候，大家都沒有積極地提供合作。為了業績，員工逐漸失去工作熱情，在真正的工作上敷衍了事，出現了本末倒置的傾向，索尼就慢慢退化了。

土井利忠的觀點，如同在全球管理界投放了一枚炸彈，它幾乎摧毀了製造業者的價值觀基石。在十幾年後的今天，重新審視他的觀點，有 3 個角度可以進行認真的商榷：

其一，索尼的衰落，是績效管理導致的結果，還是決策層策略安排的失誤？

在過去的十年裡，韓國三星的崛起與索尼恰成反例，它同樣運行的是美國式的績效薪酬制度。李健熙將經營權和責任全部分配給具有專業資質的各子公司的社長，對各子公司經營層實行的是「明確經營的完全責任、賦予履職的足夠許可權、按照績效獎勵團隊」的管理模式。在三星的經驗中，績效薪酬有力地扭轉了原有的僵化體制，激發了分（子）公司經營團隊，助推三星成功向新經營方式轉型。在中國，富士康和華為無一不是績效主義的忠實執行者，甚至他們引入了更為嚴格的軍事化管理模式，將績效目標的實現推向極致。

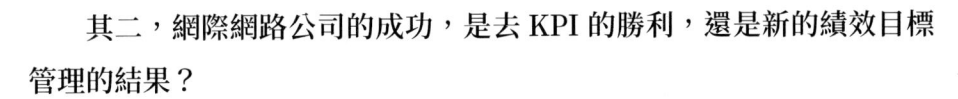

其二，網際網路公司的成功，是去 KPI 的勝利，還是新的績效目標管理的結果？

無論是 Facebook、Amazon（亞馬遜）還是中國的 BAT（百度、阿里巴巴、騰訊），無一不是強績效型企業。有所不同的是，它們的績效目標並不僅僅是考核利潤，而是考核使用者，如使用者的數量、留存率、活躍度、獲客成本及客單價。

也就是說，網際網路公司的績效模型是以使用者為核心而展開，而索尼、奇異等製造業企業的績效模型是以商品為核心。關鍵不是沒有 KPI，而是 KPI 的指標發生了微妙的改變。

無論如何變化，績效以及與績效相關的目標管理，仍然是企業管理的基礎性工作。

其三，索尼的高階主管「不願意投資風險大但是對未來很重要的技術和產品」，是績效目標造成的，還是組織模式落後造成的？

網際網路改變了資訊流動的方式，進而改變了企業營運的模式和對效率的定義，這個變化對企業的組織架構提出了嚴峻的挑戰，越是大型的企業，遭遇的困難越大。

企業內部創新能力的激發，並不以放棄管理、尤其是放棄績效管理為代價，而是應該在企業營運模式上進行自我革命，形成目標高度一致、管理空前扁平、自我驅動的特種兵機制。組織架構的變革意味著權力的放棄和重組，在演化的意義上，這是最為致命的，甚至失敗是大機率事件。這也是 Nokia、奇異、西門子等優秀企業陷入困境的原因。

5.1.3　績效考核應用的不同模式

關於績效考核，轉型中企業應用的普遍狀態是都很弱，主要分為四種情況：

第 5 章　OKR 與績效考核之間的衝突

A：根本沒做，就是在年底做一次 360 度評分。

B：針對業務人員進行了績效考核，以 KPI 業績指標為考核，實行銷售業績提成。

C：用 BSC 的思想結合 KPI 指標進行考核，考核到部門，也就是組織績效考核不到個人。

D：用 KPI 結合個人行為考核到員工。

轉型中的企業，大部分在 A 和 B 階段，即便是已上市的公司，大部分也是如此；一些 50 強的企業可以達到 C 階段；只有極少數著名企業達到 D 階段，是全員考核。所以正是因為績效考核的缺失或不理想，才激起了許多企業開始嘗試新的工具和方法，以為用 OKR 可以替代績效。所以正是有了這樣的思想，才會將 OKR 當作績效考核來用。

A 考核模式，沒有平時的月度、季度考核，只是到年底了，為了發年終獎金有依據，就在年底做一次 360 度評分。所謂 360 度評分，就是每一位被考核人的上級、下級、平級，對被考核人進行考核評分，有些職位還會要求客戶也評分，這樣的過程看似公開、透明，但其實很費時，而且也很難做到真正的客觀公正，因為大家都有這樣一種想法「我怎樣對別人，別人也會怎樣對我」，所以你好、我好、大家好的現象很普遍，對工作並不能產生實際效果。

B 考核模式，對銷售、業務人員用 KPI 考核，比較流行，因為這些職位的考核指標比較容易設定，如銷售收入、利潤、毛利、回款、客戶數量等，相對比較容易衡量，而且在業內也都通用，只是調整指標值而已，大家的接受程度比較高。但這些考核指標，對於相對成熟的產業型態比較適用，如快速消費品、工業產品、連鎖經營等，而對新經濟環境下的大數據、人工智慧、雲端運算、區塊鏈等產業型態，卻很難事先定出銷售收入、利潤，而回款又是網際網路銷售中最不擔心的，所以也會

面臨很大的不確定性挑戰。

C 考核模式，主要是深受 BSC 概念的影響，對組織提出了四個面向的考核要求，分別是財務指標、客戶、內部營運、學習與成長四個方面，從公司或集團到各分公司再到各事業群再到各部門，層層分解，因為考慮到個人無法承擔四個面向的指標，所在沒有再分下去。通常是由策略規劃部負責考核組織，由人力資源部門負責考核個人。這樣的一套考核方案，其實存在著系統設計時的缺陷，因為考核沒有分解到個人。個人是組織的最小單位，所有的工作都要由個人完成，但在 C 考核模式中，組織的目標並沒有分解到個人，而且又是兩個不同的部門在推進，就造成了個人的工作與組織的考核是脫節的，從而組織的目標最終無法落實執行。

D 考核模式，目前主要是以華為的 PBC（個人業績承諾）為代表，組織的目標得到全員執行，華為 PBC 的主要內容如下。

第一部分：個人目標承諾，包含 3 個方面。

(1) 個人業務目標承諾。做什麼業務就有對應的承諾業務目標。例如，市場目標可能就是客戶覆蓋率、高層客戶管理等。

(2) 個人重點關注的專案。比如重點交付專案，涉及幾億美元，可能全年就做這一件事情，那這個專案的完成情況就是全部的 KPI。

(3) 年度組織建設與管理改進目標。需要注意的是，管理類的任務，不是一朝一夕就能完成的，它需要時間，尤其是人力資源管理，從制度設計到最後落實，可能需要 10 年才有結果。

華為強調延續性，管理一個公司不在於你引進了多麼先進的思想，而是把這些東西融入日常行為當中，還能夠不斷地加強。

第二部分：人員管理目標承諾。

這部分適用於管理者。在華為，管理者需要根據組織的挑戰去設定人員管理目標，包括人才培養、人才引入，知識共享、知識建設等。

第三部分：個人能力提高目標。

用 PBC 的模式，把個人需要成長的地方列出來。華為前幾年推進國際化，每個人要考多益，總分要超過 600 分才是及格。學英語，這就是個人提升的目標。

5.2 兩者在實踐中的衝突

考核還是不考核？

在 2016 年某品牌手機的年會上，其 CEO 說，「年初，我們定了一個 8,000 萬臺的銷售預期，不知不覺我們把預期當成了任務。我們所有的工作，都不自覺地根據這個任務而展開，每天都在想怎麼完成。在這樣的壓力下，我們的動作變形了，每個人的臉上都一點一點失去了笑容。」於是，CEO 提出，「所以我們定下了 2016 年最重要的策略：開心就好。我們決定繼續堅持『去 KPI』的策略，放下包袱、解掉繩索，開開心心地做事。」

一年的時間轉瞬即逝。在 2017 年的年會上，過得並不太開心的 CEO 為公司的手機品牌定了一個小目標，它被定格在一幅大螢幕上：「整體收入破千億元。」

千億元就是 KPI，KPI 就是績效。你在，或不在，它都在這裡。

OKR 考核「我要做的事」，KPI 考核「要我做的事」，理解不同，但二者都強調有目標，同時也需要有執行力。OKR 的思路是先制定組織目標，然後對組織目標進行不斷細分，直到無法分解，從中挑出具有可挑戰性的目標（O），設定 KR（關鍵結果），以上級的 KR 是下級的 O（目標）為邏輯關係，層層分解到個人。**這裡的關鍵是，並不是所有的目標都可以成為 O，只有可挑戰的目標才能成為 O。**

而 KPI 的思路也是先確定組織目標，然後對組織目標進行分解，能量化的盡量量化，直到個人目標。KPI 對量化的指標更關注，非量化的指標，因為不好衡量，KPI 的關注度就低很多，另外與 OKR 相比，**KPI 只是分解目標，將目標盡量量化，而沒有關注實現目標的過程，所以 KPI 只能相對而言是聽話照做，關注結果。**

第 5 章　OKR 與績效考核之間的衝突

另外，OKR 與 KPI 相比，還有以下幾點區別：

首先，是科學思考。因為 OKR 是以目標管理為導向，這就要求人們在實施 OKR 之前，要更多地思考，我們到底要做什麼，什麼才是未來，從願景和策略的角度去思考，不斷拓寬格局和開闊視野，向上看，不能只是為了做生意和賺錢，否則勢必會在未來迷失自己。而目前所用的 KPI 更多是站在目標之下，不斷設定各種指標，來證明目標的完成，很少會檢查目標是否正確、有效。

其次，是高效交流。OKR 更多的是一種溝通的工具，因為有野心的目標是要不斷地詮釋，也要不斷地鼓舞，上、下級目標設定的交流、月度追蹤的交流、季度評估的交流、員工大會的交流等這些不同場景的充分交流，就能夠使 OKR 的方向越來越明確，每個人的工作也就會更加有成就感。而 KPI 只有在績效評估時才會做一次上、下級的績效面談，這種溝通又會因為分數的高低影響績效獎金的分配，所以很難做到敞開心扉。

再次，是衡量緊張程度的指標。OKR 追求的是有野心的目標，因此目標設定時要有一種緊迫感，讓人有一種深深吸一口氣的感覺，這時就會因為有一點緊張而產生興奮的作用，就像運動員在賽場比賽一樣。而 KPI 在大多數時候，每一次制定的考核指標很少有變化，因為能夠量化的指標並不多，這就會逐漸導致員工對考核不重視。

最後，是集中所有人的力量。正是因為 OKR 的上下同欲，就會產生強大的磁場，將所有人凝聚在一起，為了一個共同的、有野心的目標而努力奮鬥，這種力量會產生越來越強大的能量。而 KPI 並沒有這種能量，因為 KPI 更多是為了考核，是一種被動的服從，不會產生凝聚力，自然也不會吸引所有人的力量。

5.2.1 如果都做有挑戰性的目標，基礎工作誰來盯

管理基礎工作是指企業各項生產經營業務中最基礎的紀錄、資料、標準和制度。這些紀錄、資料、標準和制度是企業發揮其經濟功能和社會功能的基礎，是完善各項管理工作、尤其是完善企業內部管理和其他責任制度的必要條件。企業管理基礎工作的內容主要包括資訊工作、標準化工作、規章制度、定額工作、計量和檢測工作、教育培訓等六個方面的內容。

管理基礎工作是「地基」，專業管理、綜合管理是「樓層」，地基如果扎實，則大廈穩固，否則將屋倒樓傾。管理基礎工作是實現綜合管理和專業管理的基礎和前提，管理基礎工作也只有與綜合管理、專業管理相結合才具有存在的意義。

因為管理基礎工作是常態化的，是不斷要重複做的事，不具有可挑戰性和創新性，所以不是 OKR 的適用範圍。

OKR 的一個重要的特性是設立的目標要有野心、有挑戰性。不希望目標在考核期內就達成，這一點同樣是 OKR 突破 MBO 的地方。既然 OKR 追求的是有野心、有挑戰性的目標，那麼那些日常的工作、流程化的工作，自然就不能納入 OKR 的目標中，因為那些工作是沒有挑戰性的。在 Google、Intel、Microsoft、Linkedin，為了強調 OKR，他們已放棄了 KPI 考核，因為這些公司，運用 OKR 已有很長一段時間了，早已形成有自己特色的 OKR 做事風格、文化、效率，也打造出了一支優秀的團隊，人人都能在 OKR 的氛圍中進行有效的溝通、合作、討論，人們對工作的結果也都達成了較高的默契程度，形成了較高的職業化素養，每個人都會做好自己的本職工作。

OKR 是追求有挑戰性的目標，但那些基礎的、日常的、流程化的工作還需要有人做，而且還要做得確實，不能出錯。因為如果日常工作

不能有效完成，就會直接影響 OKR 的執行。等修補完這個洞，再帶領 OKR 團隊向前衝，沒走幾步，又因為「後院失火」，再回來救火，幾經折騰後，OKR 定下的目標也就散了，員工士氣也沒有了。所以 KPI 績效考核就是很適合於日常的考核，經過近 20 年績效考核的應用，能夠量化的 KPI 的指標已形成了一個基本完善的指標庫，用於日常工作的考核，也已形成系統。因此，轉型中的企業，還不能放棄績效考核。

正是因為 OKR 與 KPI 各自追求的不一樣，一個企業如果都去追求有挑戰性的、有野心的目標，而忽視了基礎性的日常工作，就會造成因基礎工作的疏忽，而「後院失火」，嚴重影響公司的聲譽和信譽，所以這些日常工作的監控，就要靠 KPI 來執行，只有地基打扎實了，才能蓋起高樓。

5.2.2　績效是強制性的，OKR 是自動自發的

績效的強制性主要展現在績效結果的強制常態分布的「活力曲線」上，如圖 5-1 所示。

對強制分布考核法運用最成功、也最為出名的案例是奇異董事長兼 CEO 傑克‧威爾許的「活力曲線」，他在著作中這樣描述：「活力曲線」是我們區分 A 類、B 類和 C 類員工的動態方法。將員工按照 20：70：10 的比例區分出來，逼迫管理者不得不做出嚴厲的決定。對 20% 的 A 類員工，威爾許採用的是「獎勵獎勵再獎勵」的方法，提高薪資、給予認股權以及職務晉升。A 類員工所得到的獎勵，可以達到 B 類員工的 2 至 3 倍；對於 B 類員工，也根據情況確認其貢獻，並提高薪資。但是，對於 C 類員工，不僅沒有獎勵，還要從企業中淘汰出去。

圖 5-1　績效考核強制分布圖

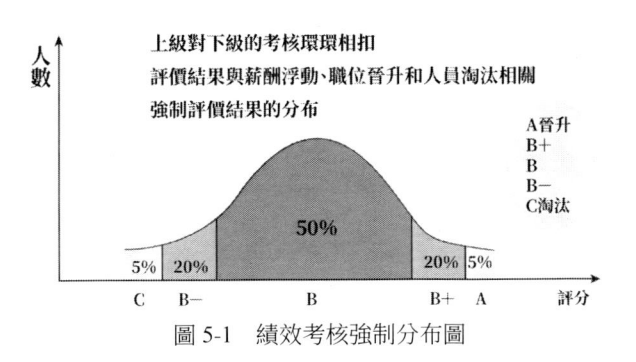

　　做出這樣的判斷並不容易，而且也並不總是準確無誤的。是的，你可能會錯失幾個業務明星或者出現幾次大的失策——但是你造就一支全明星團隊的可能性卻會大幅提高。這就是如何建立一個偉大組織的全部祕密。一年又一年，「區分」使得門檻越來越高並提升了整個組織的層次。這是一個動態的過程，沒有人敢確信自己能永遠留在最好的一群人當中，他們必須隨時向別人表示：自己留在這個位置上的確是當之無愧。

　　但隨著人才日益成為企業的核心競爭力，以及勞動市場人才的短缺日趨嚴重，越來越多的企業在「活力曲線」的應用中，對最後 10% 的 C 類員工，不再以除名的方式進行殘酷淘汰，而是以合適的薪酬和職位與之匹配，因為這裡的 C 類只是以績效作為唯一的角度，不能全面評價 C 類員工的潛能。

　　而 OKR 則是自動自發的，OKR 的關鍵結果是公開透明、大家認同的，因此，它更強調員工自我驅動、自我激勵、自我評價，更強調目標實現過程的團隊合作、平行協同。它的資源配置跟 KPI 也不一樣。KPI 的資源配置採用非對稱動機原則，就是把資源配置在關鍵成功要素上，透過 KPI 來牽引組織資源，牽引優秀的人才，牽引員工努力的方向。但是 OKR 採用的是對稱動機資源配置原則，是根據不確定性來配置資源，根據客戶的需求來配置資源，根據企業的策略發展階段來配置資源，根

173

第 5 章　OKR 與績效考核之間的衝突

據目標的流程來配置資源，因此它的資源配置是不確定的、是動態調整的。

OKR 一定要促發員工的野心，激發員工的最大潛能，要讓員工使勁「搆」，不一定「搆」得到，而且只能「搆」到 60％ 至 70％。OKR 鼓勵員工自己確定一個具有挑戰性的、具有野心的目標，透過 3 ＋ 2 模式，來指定在實現目標的過程中有哪些關鍵注意事項，在不斷迭代、不斷修正的過程中，朝著目標去努力，因此更強調員工的參與，有利於員工的創新與能量釋放。

5.2.3　如何防止員工只做績效考核的工作

前 IBM 公司總裁路易斯・郭士納 (Lou Gerstner) 曾說過：「人們不會做你希望的，只會做你監督和檢查的。」這句話道出了管理的精髓。對於管理者來說，如果你想強調什麼，那麼你就去檢查什麼。如果你不檢查，就等於不重視。沒有人會在意一項管理者不去強調和檢查的工作。

由於績效考核與個人收入密切相關，員工勢必以考核指標為導向，考核細則中規定的事情就做，考核細則中沒有規定的事情就不做。辦公室行政人員為了達到考核標準，天天上班不遲到、不早退、不違規，但分外的事情一件也不做，因為考核細則中沒有規定。事情做到什麼程度，也是看考核的要求，於是看起來公司的員工每個人都在忙忙碌碌，行政人員為了博得考核者的好印象不斷地敲打鍵盤；業務人員為了完成銷售指標整天在外面奔波；研發團隊一個星期就提出一個產品方案；公司高階主管天天開會研究解決問題。但這些都是浮雲，都是為了完成考核細則和標準而做的，並不是從企業的長遠發展而做的行為。員工工作的興趣、熱情、創造性和團隊精神這些極有價值的東西被考核要素和標準所取代了。

在績效考核的指揮棒下，員工的工作業績和公司利潤得以提高，甚至突飛猛進，但這同樣是浮雲。一方面，由於員工的績效考核的結果與其工作目標密切相關，在考核的指揮棒下，員工更傾向於提出容易實現的目標，其結果是人人都達到了良好的業績指標，員工的挑戰精神消失了。另一方面，為了業績考核優秀，員工更傾向於做那些立即能產生結果的行為，即追求個人的眼前利益。

比如，有的生產工人為了完成生產定額，對水龍頭壞了一類的事情視而不見，也不向管理部門彙報；而有的業務人員為了達到完成銷售任務的目的，不惜採取涸澤而漁的方式，衝刺業績，然後再以退貨的方式返回；有的財務人員為了迅速收款，不惜破壞公司與客戶多年來的默契；有的研發人員為了完成研發任務，不惜剽竊他人專利，以縮短研發週期。索尼公司前常務董事土井利忠甚至認為「因實行績效主義，在索尼公司內追求眼前利益的風氣蔓延。這樣一來，短期內難見效益的工作，比如產品品質檢驗以及『老化處理』工序都受到輕視。」

績效考核的工作不是公司的全部工作，公司還有很多工作在現階段的績效考核衡量指標中，因為不能量化而沒有被納入考核指標，但這部分的工作往往占有很大的比例，不能因為沒有納入績效考核就不做了，有些工作的緊急度可能比績效考核的工作更迫切。另外，面對創新的新業務、技術研發等專案，因為沒有形成模式和定型的產品，所以很難用績效考核指標來對每一個參加專案的人設定指標、進行考核。但不能因為沒有考核，就不做。在績效考核的推進中，考核指標的工作一定不是工作的全部，因此在日常工作和例會中，安排的各項工作要作為績效考核的補充，一併納入到工作中，才能確保各項工作推動。

從表 5-1 中可以看出 KPI 與 OKR 的區別，KPI 作為績效考核的工具，以結果為導向，以得到績效考核分數為目的，而且經過近 20 年的演

第 5 章　OKR 與績效考核之間的衝突

變，KPI 形成了較為強大的指標庫，也就是說大量的日常工作和經驗，能作為考核指標的部分，都已開發出來，因此日常工作的 KPI 指標化已形成。而 OKR 是要不斷創新，作為目標設定要有挑戰性也要有野心。OKR 是一個相對長期的目標，而且允許有試錯機制，因此二者各自的側重點不同，KPI 績效考核是為了完成眼前的目標，OKR 則是為了實現長遠的願景。

第 6 章
OKR 與績效考核如何並存

　　OKR 與績效考核兩者不存在相互替代的關係，而是可以相向並行，甚至可以融合使用的。在傳統企業中，KPI 是不可替代的，尤其是很多企業在一個相對成熟的產業領域中，組織結構相對穩定，商業模式也相對穩定，KPI 有利於企業策略聚焦與落實。而很多新興的產業不成熟，商業模式處於探索期，企業的策略方向不明確，策略目標無法明確確定，組織結構不穩定，組織內部角色重疊，業務工作創新性強，企業內部又是專案制運作，需要平行協同與合作。對於這一類需要更多地發揮員工的主動性和創造性的產業或者企業來說，OKR 可能是一種值得引進的新的目標管理工具。

　　M 公司說自己沒有 KPI。其實不是沒有 KPI，而是沒有傳統意義上的以股東價值最大化為原點、以財務指標為核心的 KPI（如利潤、銷售收入指標），但 M 公司有以使用者價值為原點的考核指標，如路由器銷售的考核，不是考核賣出去多少臺路由器，而是考核使用者的活躍度有多高，使用者是不是真的使用了這些功能。M 公司鼓勵員工以使用者為中心，使用者對產品體驗的滿意度就是考核指標。因此，M 公司不是沒有考核指標，追求使用者滿意度就是 M 公司策略成功的 KPI。例如，手機維修需要在 1 小時內完成，配送的速度要從 3 天減少到 2 天，客戶的電話接通率要達到 80%，等等。從這個角度來講，M 公司是有 KPI 的，因為能不能量化，本身就是 KPI 邏輯。

　　可見，就算沒有以財務指標為核心的 KPI 這種形式，也並不等於沒有 KPI 的管理思想，OKR 和 KPI 是相向並行的，適合不同的企業，適合企業不同的發展階段，在同一個企業針對不同類型的員工，有的可採用 KPI，有的可採用 OKR。

第 6 章　OKR 與績效考核如何並存

6.1　轉型中的公司需要績效考核

　　針對上述績效觀點，管理學界也帶來了新的建議。大部分高階主管認為，績效的實驗並沒有停止，在新的格局下找到小的切入點將成為企業績效快速成長的途徑之一。

　　下面是引用的幾位專家的話，分別代表了幾個觀點。

　　(1)「績效管理沒有問題，但企業需要改善績效管理的方式。」

　　「在過去幾十年，大公司發展出了一整套績效管理系統，有各式各樣複雜的衡量指標，以及各式各樣的評估方法，它們努力用科學的方式去評估一個人的價值。這種做法的目標在於保持管理的一致性和科學性，隱藏的邏輯是對人的不信任和控制。在相對靜態的大規模生產的工業社會裡，這種精細化的績效管理方式有它的合理性，但也容易引發各種形式主義和辦公室政治，扼殺創新行為，容易引發知識工作者的反感，這也是索尼衰落的原因之一。

　　在強調創新、創意的知識組織裡，管理的目的不是控制人，而是激勵人心，激發他們的潛能，讓他們做出更多創新。

　　基於此，知識類企業需要最佳化績效管理方式，大幅削減評估指標，只關注整體目標和關鍵結果，並增加對創新行為的鼓勵。網際網路公司也不要走另一個極端，認為不需要績效管理了，要知道 Google 和騰訊這樣的網際網路大公司都有績效管理系統，只是需要改良和簡化績效管理方式。」

　　(2)「企業績效目標和個人績效考核是兩件事。」

　　「制定企業策略和依據策略的績效目標，並為了成功而努力，是企業致勝的關鍵。但是我發現大多數人關心的不是這個，而是有關個人績效

的分配方法。我們說的 KPI，不僅僅是為了策略服務，更是為了決定如何分配獎金。

今天的絕大多數行業，尤其是現代服務業中的複雜合作已經讓個人績效和企業最終績效的直接相關度大幅下降。每一個職位要有最終的產出結果，不是依賴別人的 10%，而是依賴 90%。⋯⋯但我覺得績效考核更應該作為合作指標看待，而不是單純的個人主義。」

(3)「KPI 不是萬能的，但沒有 KPI 則是萬萬不能的。」

「績效管理是實現盈利的工具和手段。將預先設定的經營業績層層分解，形成考核指標，落實到每一個具體的職位和員工頭上，其作用類似於『胡蘿蔔和棍子』，透過施加『獎勵和懲罰』，激發人的『動力和壓力』，驅動全體員工為了業績目標而工作。」

6.1.1　績效文化的沉澱有助於 OKR 的應用

績效文化是指企業基於長遠發展方向和願景，透過對公司策略、人力資源、財務、團隊建設等一系列有效的整合與績效評價、考核系統的建立與完善，讓員工逐步確立企業所倡導的共同價值觀，逐步形成以追求高績效為核心的優秀企業文化。具體表現為組織的簡約，流程的暢通，技術的改進，工作的熟練，員工的職業化，等等。奇異前 CEO 傑克・威爾許認為：「我們的『活力曲線』之所以能有效發揮作用，是因為我們花了十年在我們的企業裡建立起一種績效文化。」

IBM 公司前 CEO 路易斯・郭士納認為：「最優秀的公司領導人會為自己的公司帶來高績效的公司文化」，「擁有高績效文化的公司，就一定是商業領域的贏家」。

從管理思想和工具的演變（見圖 6-1）中可以看出，有兩座「里程

碑」，一座是「科學管理」，另一座是「MBO 目標管理」。科學管理（scientific management）是以美國腓德烈・溫斯羅・泰勒（Frederick Winslow Taylor）為代表的管理階段、管理理論和制度的統稱。主要內容包括：工作定額、挑選優秀工人、標準化、計件薪資、勞資雙方密切合作、建立專門計畫層，等等。泰勒的科學管理的顯著貢獻是：其一，強調運用科學而非經驗的方法來研究企業管理活動；其二，強調建立明確的、量化的工作規範，並且將這種規範標準化；其三，強調根據工作的標準化規範，對工人進行挑選和培訓，提高工人的工作技能，以獲得更好的工作業績；其四，強調管理者應該為下屬的工作業績負責，要求管理者做好預先的計畫，建立明確的工作規範。科學管理原理的核心是尋求最佳工作方法，追求最高的生產效率，至今對生產、製造類型的企業，依然產生深遠的影響。

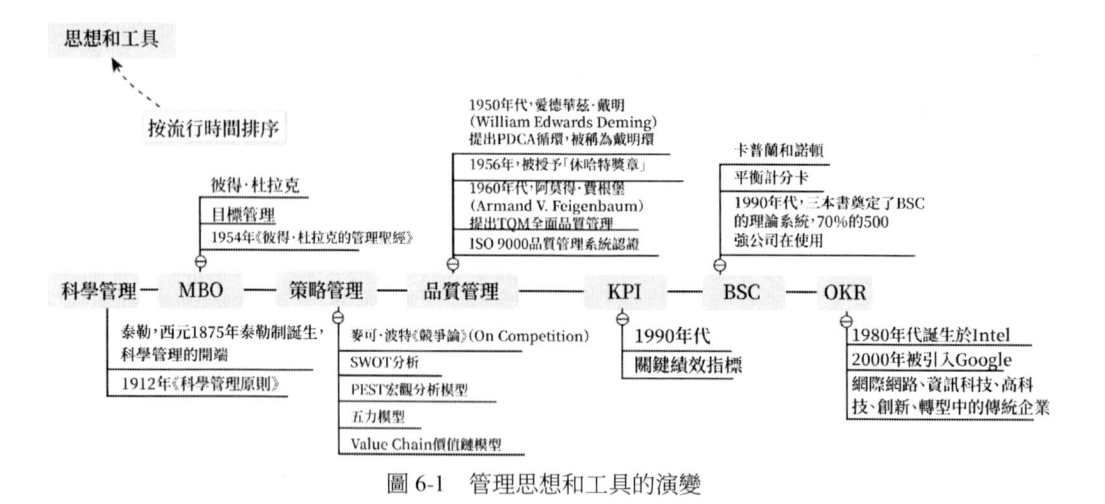

圖 6-1　管理思想和工具的演變

而 MBO 由美國管理學大師彼得・杜拉克於 1954 年在其著作《彼得・杜拉克的管理聖經》(The Practice of Management)中最先提出，其後他又提出「目標管理和自我控制」的主張。自 MBO 之後的管理理論，如策略管理、品牌管理、行銷管理、品質管制、績效管理、BSC 平衡計分卡、KPI 關鍵

績效指標等管理思想，都是 MBO 一脈的不同分支，都有 MBO 的影子。

OKR 也源自於 MBO，因此 MBO 的基礎理論和框架，自然也適用於 OKR，OKR 是 MBO 的迭代，除了 O 與 MBO 一樣要進行分解外，針對每一個 O，需要設立 KR 來支持 O 的實現，而這是 OKR 與 MBO 的最大區別。如果企業本身已具備了良好的績效考核系統，也形成了一整套有效的目標管理實施方法，那對於引進 OKR 就會適應得很好，因為在一個目標管理的框架下，理念是相通的。

正是因為 OKR 和績效管理都是同屬於 MBO 流派，所以都具有目標分解的相通之處，在沒有引入 OKR 之前，如果企業有長期的績效管理的運作，已形成了一套完整的績效流程：目標設定、目標分解、設定 KPI 考核指標、績效實施、追蹤、評估、回饋、面談、獎懲，那對於 OKR 引入就有了良好的基礎。

如果企業之前沒有績效考核，也沒有形成良好的績效文化氛圍，那在引入 OKR 時，就要重新建立起一套完整的 OKR 流程：按 OKR 的目標設定、分解目標、公開透明、KR 評分、表揚等環節一一完成，也能夠完整地建立 OKR。

6.1.2　高水準的專業經理人確保 OKR 不離初心

前面講過，在 Google、Intel 等公司已去除了 KPI 績效考核，採用的是 Peer Review（同事評估）也就是 360 度評估，有些地方的主流績效考核工具中，360 度是非主流的，因為在當地，大家本著我怎麼對別人，別人也會怎麼對我的態度，所以一團和氣，在此不展開對 360 度的分析。Google、Intel 這些公司去除了 KPI 考核，是因為經過幾十年的發展，這些公司的績效文化已形成，同時培養了大批高水準的專業經理人，他們已具備了高度的職業化，知道該做什麼（見圖 6-2）。

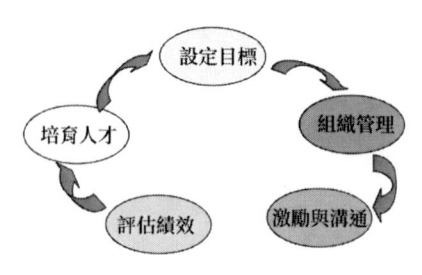

圖 6-2　高級經理人做什麼

彼得・杜拉克在《杜拉克談高效能的 5 個習慣》(*The Effective Executive*) 一書中說道，經理人是企業中最昂貴的資源，而且也是折舊最快、最需要經常補充的一種資源。建立一個管理團隊需要多年的時間和極大的投入，但徹底搞垮它可能不用費多大力氣。

企業的目標能否達到，取決於經理人管理的好壞，也取決於如何管理經理人。而且，企業對其員工的管理如何，對其工作的管理如何，主要也取決於經理人的管理及如何管理經理人。企業員工的態度所反映的，首先是其管理階層的態度。企業員工的態度，正是管理階層的能力與結構的一面鏡子。員工的工作是否有成效，在相當程度上取決於他被管理的方式。組織的目的是使平凡的人做出不平凡的事。因此經理人具有五項工作。

1. 設定目標

如果缺乏目標，根本就無從管理，因此，經理人務必先進行「目標設定」，才能進行「有效管理」和「目標管理」。但是如果要實現「目標管理」，就必須要有「自我控制」，「自我控制」意味著更強烈的工作動機。為此，我們才要制定更遠大的願景與更高的績效目標。

當我們明白了這句經典的問句「我們的事業是什麼？我們的事業將會是什麼？我們的事業究竟應該是什麼？」之後，才能做目標設定這個重要工作。

「目標管理與自我控制」也被稱為「管理指導」，因為它是奠基於有關管理工作的概念，同時也是針對經理人的特殊需求對面臨的障礙所做的分析。

因此經理人務必給予下屬充分的資訊，以便於下屬進行「自我啟發、自我督促及自我控制」，並且使其能進行「自我績效的評估」。

2. 組織管理

經理人為了實現組織設定的目標，就要根據目標，動用一切資源，不光是人，還有財力、物力、資訊工程系統、客戶資源、品牌資源等，還要分配資源，從組織設計到人力分配，到市場策劃，再到組織營運等，使得全公司的資源集中到為了實現目標而進行的配置。其中，最重要的就是人力，就是找對人，放對位置，讓他做對的事。如果一個人不適合某項工作，就不要把這個人放在那個位置上。根據個人的長處授予責任，以便於任務的達成。

3. 激勵與溝通

激勵不是來自於外在，而是來自於內在。所謂的內在指的是在員工工作的時候協助他們，讓他們有效工作。透過提供合適的工具和充分的資訊讓員工擁有必需的資源，從而讓他們越做越好，越做越有成就感、滿足感和歸屬感，這是激勵員工的關鍵。

經理人除了激勵員工之外，還要和員工溝通。為什麼要和員工溝通？因為如果不溝通的話，就會出現問題。即使員工做得好，也要溝通。例如，問問他，為什麼他會做得好。如果員工做得不好，更需要溝通。可以透過溝通讓他知道，他可能走偏了，可以透過溝通幫他糾正。這就是溝通的重要之處。

透過每週、每月、每季度、每半年的溝通，並且透過自下而上的有效溝通，管理者再自上而下地進行協助與激勵，使員工能實現目標，完成任務。

4. 績效評估

績效評估有兩個很重要的方面：一個方面是員工對自我的績效評估，另一個方面是上司對員工的績效進行的評估。只有這兩個方面取得了共識，績效評估才是有效的。也就是說，員工要從績效評估的結果中知道，自己的長處到底在哪裡，自己的弱點又是什麼。這樣，企業也會清楚一個員工未來可能發展的空間，是要讓他擔任企業內的顧問，還是要把他提拔到一個更高的位置上？甚至，是不是要把他安排成未來的接班人？績效評估的結果會提供答案，這是績效評估的作用。

績效評估的目的在於了解自己的長處，並且發掘機會，從而使員工的能力得以充分發揮，員工的使命得到充分展現。

5. 培育人才（包括經理人自己在內）

如果企業沒有培育人才，人才斷層了，那這個企業就會萎縮。要培育人才除了正常培訓，「自我學習、高度的自我評估」之外，更值得一提的是應當以「目標管理與自我控制及績效評估」為經營的核心主軸。很多企業有好的產品、好的服務、好的市場，問題就是人才斷層了，人跑掉了，或者是企業不願意培養人，因為企業認為，就算培養了 10 個人，也會跑掉 8 個人。

培育人才不僅僅是指培育別人，更重要的是，要培育自己。也就是說，經理人自己要不斷地培養自己，讓自己成為真正有用的人才。有很多企業的高階主管，他們非常會培養他們的下屬，他們的下屬個個都是菁英，個個都是人才，可是他們忘記培養自己了。他們不看書、不進修、不

思考，雖然工作的熟練度提高了，但是在思想上卻沒有任何進步，也就是到了職業的天花板，這是很可惜的。如果這些高階主管能夠培養自己，讓自己成為企業中的大將，那無論對他們自己來說，還是對企業來說，都是非常好的事情。只有這樣做，才是真正發揮了人才的作用。

有了這樣一個高水準的專業經理人團隊，就好比有了一支堅實的特種部隊，打什麼仗，那是策略問題，怎麼打仗，那是戰術。而 OKR 就是策略＋戰術，確定目標，確定任務及達成效果，做好資源配置、行動方案、情報偵察、通訊聯繫，而最終是靠堅實的突擊部隊去完成。

高水準的經理人具有較強的專業素養和能力，在商場猶如戰場的商業環境中，隨時能夠在外部市場環境、使用者需求、高科技的應用、商業模式的創新、產業發展趨勢、國際形勢變化等各種複雜的條件下，做出準確的反應。如果沒有受過良好的專業訓練，管理者的敏銳度就會大幅降低，反應就要慢半拍，那失誤就會增加很多，失敗的機率就會大很多。

6.1.3　績效獎金是薪酬的固定組成部分

在職場中，很多人都有找工作、談 Offer 的經歷，一般情況下，Offer 會包含以下內容：

1）職位基本資訊：如職位名稱、所在部門、職位等級、彙報關係等內容。

2）薪資福利情況：如試用期規定、具體薪資構成（基本薪資、績效薪資、績效獎金、年終獎金等）、試用期薪資、福利狀況等。

3）報到事宜：如具體聯繫方式，報到時間、地點，報到需要帶的資料等。

4）其他說明：如回覆 Offer 的形式、公司的培訓、發展等補充說明。

第 6 章　OKR 與績效考核如何並存

在普遍的情況下，績效獎金是薪資的組成部分，從談 Offer 到入職都貫徹始終。因此要是公司取消了績效考核，就會出現績效獎金如何發的問題，如果沒有考核就能全額拿到，老闆肯定心裡不踏實，老闆不能接受原本有的約束就這樣取消了；如果取消考核的同時也取消了績效獎金，那員工肯定又不能接受，因為績效獎金是整個薪酬的組成部分，這一點從談 Offer 時就已被確認了，是不能隨意改變的。所以績效獎金與績效考核在目前的情況下，還是要繼續保留。

正是因為績效獎金是員工薪資的固定組成部分，所以不能隨意取消，在引入 OKR 時，就不能用 OKR 替代 KPI，如果這樣，就是將 OKR 的結果與獎金連結，那 OKR 就會成為績效考核的工具，與原來的 KPI 就沒有區別。

6.2 KPA 可以讓 OKR 與績效考核並行

KPA（Key Performance Affair，關鍵績效事件）理論來源於筆者所著的《中國式績效 —— 突破績效困境》這本書。

生產、經營、管理活動會涉及很多不同的領域，形成許多的任務，每一項任務是否完成，都會對經營活動的結果產生直接或間接的影響，有些影響可能是不會直接顯現出來，而有些影響則是直接顯現而且是致命的，這些事件（任務）的結果，會直接影響到企業經營目標的完成情況、客戶的評價、計畫的實施、上級的評價、本部門職責履行。

在 KPA 模型中（見圖 6-3），將員工的工作按工作性質分為三類：

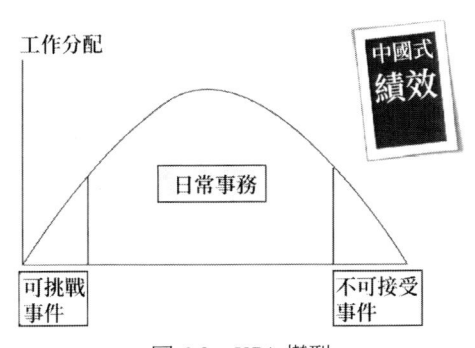

圖 6-3　KPA 模型

1）不可接受事件：不可接受事件是指在工作中，需要明確界定哪些事件是不可以發生的，這一類事件一旦發生，會對整個公司的經營管理、業績、商譽、聲譽帶來負面影響和評價，導致業績的下降、市值的貶值，是扣分項目，會造成無法挽回的損失。

2）日常事務：日常事務是指在工作中，每天、每月都會重複出現的工作，這些工作是有基本的固定流程或時間限定的，是經常要做的工作，因此只要按既定的工作流程和程序進行，就可以確保日常的工作有序進行。

3）可挑戰事件：可挑戰事件是指在工作中，公司鼓勵做的事件，這些事件會提升公司的整體業績，為公司商譽、聲譽帶來正面評價，可以提高公司實力和品牌知名度，可以獲得各類獎項，是加分項目，可以為公司帶來積極的、正面的影響。

6.2.1　KPA 為什麼可以與 OKR 完美結合

KPA 模型中有三類不同的事件，具體哪些事件（任務）會列入這三類呢？

1）不可接受事件。例如，沒有完成業績指標、技術原因導致網路癱瘓、財務資料洩密、重大活動接待工作出現失誤導致客人不滿意、法律文字出現失誤導致訴訟失利、危機處理不當導致負面評價、貪汙受賄、被執法機關處罰、員工爭議處理不當引發仲裁等。

2）日常事務。例如，薪資發放、社會保險繳納、電腦維護、財務核算、出報表、報稅、拜訪客戶、培訓安排、招募面試安排、各項週報及月報、各項流程執行等。

3）可挑戰事件。例如，超額完成業績指標、成功招募高階人才、A 輪和 B 輪融資成功、IPO 上市成功、研發新品成功、獲得國家級獎項、併購重組成功、獲得創投、取得各項發明專利、重大活動圓滿成功獲得好評、相關管理制度推行、網站升級成功、訴訟取得勝訴等。

KPA 模型中的三類不同的事件（任務），都具有非常鮮明的理論依據（見圖 6-4）。

6.2 KPA 可以讓 OKR 與績效考核並行

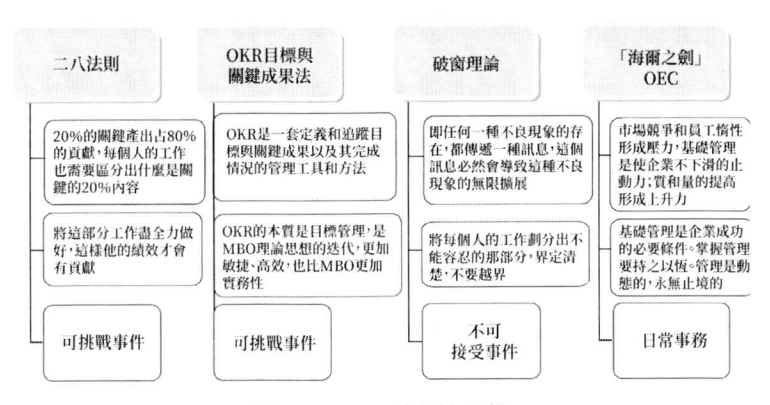

二八法則	OKR目標與關鍵成果法	破窗理論	「海爾之劍」OEC
20%的關鍵產出占80%的貢獻,每個人的工作也需要區分出什麼是關鍵的20%內容	OKR是一套定義和追蹤目標與關鍵成果以及其完成情況的管理工具和方法	即任何一種不良現象的存在,都傳遞一種訊息,這個訊息必然會導致這種不良現象的無限擴展	市場競爭和員工惰性形成壓力,基礎管理是使企業不下滑的止動力;質和量的提高形成上升力
將這部分工作盡全力做好,這樣他的績效才會有貢獻	OKR的本質是目標管理,是MBO理論思想的迭代,更加敏捷、高效,也比MBO更加實務性	將每個人的工作劃分出不能容忍的那部分,界定清楚,不要越界	基礎管理是企業成功的必要條件。掌握管理要持之以恆。管理是動態的,永無止境的
可挑戰事件	可挑戰事件	不可接受事件	日常事務

圖 6-4　KPA 的理論思想

(1)可挑戰事件來源於二八法則:一個人的時間和精力都是非常有限的,要想真正「做好每一件事情」幾乎是不可能的,要學會合理地分配時間和精力,面面俱到還不如掌握重點,把 80% 的資源用在能產出關鍵效益的 20% 的方面,這 20% 的方面又能帶動其餘的 80% 的發展。在公司營運管理中,20% 的關鍵人才產出占公司 80% 的業績的貢獻,因此要辨識出 20% 的關鍵核心,將政策、福利、資源、激勵向這些人傾斜,確保減少關鍵核心人員的流失,讓這 20% 的人產生出 80% 的業績。**每個人的工作也是需要區分出什麼是關鍵的 20% 內容,找出這 20% 的關鍵內容,全力以赴做好,就可能會產生出 4 倍效益,所以找出 20% 的關鍵內容並達成了,就是可挑戰事件。**

二八法則不僅在經濟學、管理學領域應用廣泛,它對我們的自身發展也有重要的現實意義:學會避免將時間和精力花費在瑣事上,要學會掌握主要問題。二八法則,代表一個人或組織,花費時間、精力、金錢和人事在最重要的優先順序上。二八法則可以解決的問題有:時間管理問題、重點客戶問題、財富分配問題、資源分配問題、核心產品問題、關鍵人才問題、核心利潤問題、個人幸福問題,等等。

(2) **可挑戰事件來源於 OKR 目標與關鍵成果法的思想**：OKR 的目標設定要有挑戰性，有野心，而且這個目標不是短期達成的（一個季度），而是要持續幾個季度甚至更長時期才能實現，這樣就透過設定具有挑戰性的目標，激勵人們不斷向著實現目標而努力工作。**而 OKR 的可挑戰性與 KPA 的可挑戰事件的定義是一樣的，甚至還更加有難度，所以二者之間是相通的。**

(3) **不可接受事件來源於破窗理論**：該理論認為環境中的不良現象如果被放任存在，會誘使人們仿效，甚至變本加厲。以一幢有少許破窗的建築為例，如果那些破窗不被修理好，可能將會有破壞者破壞更多的窗戶。最終他們甚至會闖入建築內，如果發現無人居住，也許就在那裡定居或者縱火。一面牆如果出現一些塗鴉沒有被清洗掉，很快地，牆上就會布滿亂七八糟的東西；一條人行道有些許紙屑，不久後就會有更多垃圾，最終人們會理所當然地將垃圾順手丟棄在這一條人行道上。因此，不可接受事件就是要求將每個人的工作劃分出不能容忍的那部分，界定清楚，不要越界，一旦發現觸碰到這些事件（行為），就要制止，並扣績效分數，而且這個分數要扣得比較重，形成燙爐法則，產生不要觸碰、觸碰必燙手的威懾力。

從「破窗效應」中，我們可以得到這樣一個結論：任何一種不良現象的存在，都在傳遞一種訊息，這種訊息會導致不良現象的無限擴展，同時必須高度警惕那些看起來是偶然的、個別的、輕微的「過錯」，如果對這種行為不聞不問、熟視無睹、反應遲鈍或糾正不力，就會縱容更多的人「去打爛更多的窗戶玻璃」，就極有可能演變出「千里之堤，潰於蟻穴」的惡果。勿以善小而不為，勿以惡小而為之。

(4) **日常事務來源於 OEC 理論**：OEC 是 Overall Every Control and Clear 的英文縮寫，其含義是全方位地對每人、每天所做的每件事進行控

制和清理，做到「日清日畢，日事日結」。具體地講，就是企業每天所有的事都有人管，控制到人，不漏項；所有的人均有管理、控制的內容，並依據工作標準，按規定的計畫執行。每日對每一個過程或每件事進行日控、事事控，把執行結果與計畫指標對照、總結、導正，確保達成預定的目標。這個管理法的本質是：管理不漏項，事事有人管，人人都管事，管事憑效果，管人憑考核。

OEC 管理模式的理論依據是「海爾定律」（斜坡球體論）：即企業如同爬坡的一個球，受到來自市場競爭和內部職工惰性而形成的壓力，如果沒有一個止動力它就會下滑，這個止動力就是基礎管理和企業持續不斷地改進，僅有止動力，也不一定發展，發展需要上升力，上升力來自於差距，而差距取決於目標在質和量方面的不斷提高，也就是說上升力來自於創新。

市場競爭和員工惰性形成壓力，基礎管理是使企業不下滑的止動力；質和量的提高形成上升力，基礎管理是企業成功的必要條件。掌握管理要持之以恆。管理是動態的，永無止境的。

OEC 管理中的止動力就是基礎管理，也就是日常事務，而這些日常事務工作，透過縱向到底、橫向到邊的 5W3H[014] 的監督和檢查，以確保所有事都有人管理，所有人都有考核，形成了扎實的工作作風。而日常事務本身就很瑣碎，若不透過扎實細緻的工作，就很容易出錯，而一旦出錯，極有可能會出現事故，引起連鎖反應，就會產成不可接受事件，從而為公司帶來負面影響。**所以按流程做好日常事務，可以有效地防範不可接受事件的發生。**

---

[014] 5W3H 是描述問題的手段，其具體指的是：What，Where，When，Who，Why，How to do，How much，How feel。

第 6 章　OKR 與績效考核如何並存

6.2.2　用 OKR 設定可挑戰事件

在 KPA 模型中，三類不同的事件都有相應的工具，如圖 6-5 所示，相關工具介紹不在此一一展開了，都是非常成熟的工具和理論，如果需要了解，讀者可以自行搜尋。

可挑戰事件	日常事務	不可接受事件
☐ OKR	☐ 工作分析	☐ 危機管理
☐ SWOT分析模型	☐ 公司治理	☐ 案例學習
☐ 五力模型	☐ 人力規劃	☐ 風險管理
☐ 目標管理	☐ 流程再造	☐ 負面清單
☐ BPR流程再造	☐ SOP編制	
☐ 策略地圖	☐ JD（工作描述）	
☐ 超越自我		

圖 6-5　KPA 模型中的工具應用

下面舉一個用 OKR 來設定可挑戰事件的例子。以人力資源管理為主題，我們先看一下目前人力資源管理按六大模組來劃分，主要都有哪些通用／常規的工作。

1. 六大模組內容

（1）人力資源規劃

人力資源規劃模組工作內容如表 6-1 所示。

表 6-1　人力資源規劃模組工作內容

工作模組	模組內容	工作內容
人力資源規劃	組織機構設定	組織架構設計
		集團管控
		授權機制

工作模組	模組內容	工作內容
人力資源規劃	企業組織機構的調整與分析	規劃
		執行
	企業人員的供給需求分析	編制分析
		編制預算
		人力成本計算
	人力資源管理費用預算的編制與執行	辦公、差旅、加班、交通和餐費
		招募預算
		培訓與績效預算
	企業人力資源制度的制定	薪酬制度
		培訓制度
		績效制度
		公開招募和校園招募制度
		職業生涯和企業文化制度

（2）招募與配置

招募與配置模組工作內容如表 6-2 所示。

表 6-2　招募與配置模組工作內容

工作模組	模組內容	工作內容
招募與配置	招募需求分析	確定職位和編制
		編制外稽核
	工作分析和勝任能力分析	各職位任職資格稽核確定
		相關工作產出結果確定
		職位描述及發布
	招募管道建立與維護	人才庫資料維護、建立和分析
		人才庫資料提供

工作模組	模組內容	工作內容
招募與配置	招募實施	履歷篩選
		安排面試
		Offer 談判
		背景調查、錄用
	降低員工流失的措施	雇主品牌建立
		職業生涯規劃
		晉升、調職、調薪

（3）培訓和發展

培訓和發展模組工作內容如表 6-3 所示。

表 6-3　培訓和發展模組工作內容

工作模組	模組內容	工作內容
培訓和發展	培訓課程系統的建立	建立公司課程系統（含管理階層、員工和實習生的培訓計畫）
	培訓計畫的制定	年度培訓大綱（含管理階層、員工和實習生的培訓計畫）
	培訓需求的調查與評估	含管理階層、員工和實習生的培訓需求，建立科學化的評估系統
	培訓實施	講師確認、課程互動
		培訓室準備、學員簽到、訓後調查及月末培訓情況統計彙整
	培訓課程和教學方法的設計	教程內容設計及課程操作方式設計
	開發管理與企業領導	領導力開發
	職級評審	安排出題、評卷
		分數統計
		安排實施考試
		安排進行答辯
		彙整公布結果

6.2 KPA 可以讓 OKR 與績效考核並行

（4）績效管理

績效管理模組工作內容如表 6-4 所示。

表 6-4 績效管理模組工作內容

工作模組	模組內容	工作內容
績效管理	績效管理系統建立	績效工具選擇、週期設計、指標設定、面談溝通、獎懲和激勵的設計
	實施階段	月度績效考核彙整
		季度文化認同考核
	總結階段	季度績效考核及文化認同考核彙整分析
	績效管理的面談	負責部門內員工面談
	績效改進階段	負責幫助部門內員工提升績效表現

（5）薪酬福利管理

薪酬福利管理模組工作內容如表 6-5 所示。

表 6-5 薪酬福利管理模組工作內容

工作模組	模組內容	工作內容
薪酬福利管理	薪酬制度的制定	設定薪酬結構、劃分薪酬等級、制定薪酬計畫
		社會保險及各類節假日福利方案設計
	薪酬制度的調整、人工成本核算	薪酬制度的調整、人工成本核算
	職位評價	年度 JD 檢驗
	薪酬調查	獲取年度薪酬調查報告
	薪酬發放、所得稅申報及財務核對	員工個人薪酬核算
		薪酬發放、所得稅申報及財務核對

工作模組	模組內容	工作內容
薪酬福利管理	社會保險、退休金的發放	社會保險、退休金的核算
		社會保險、退休金的核算彙整和代扣代繳
	評估績效和提供回饋	根據績效結果核算績效薪資

（6）員工關係

員工關係模組工作內容如表 6-6 所示。

表 6-6　員工關係模組工作內容

工作模組	模組內容	工作內容
員工關係	勞動關係	合約簽約、續約和不續約；勞動關係中止
	員工入職	協助員工完成入職流程
	員工轉正	協助員工完成轉正流程
	員工異動	完成員工異動資訊變更的通知和相應薪酬、福利的變化
	員工離職	協助員工完成離職流程
	員工檔案和合約管理	員工檔案和合約的收集、保管及管理
	員工活動	定期安排員工活動

2. 用 OKR 設定六大模組的可挑戰事件

用 OKR 來設定可挑戰事件，我們從戰術的層面來解讀，因為 OKR 從策略的角度來說，首先要有目標，每一個公司的目標是獨一無二的，但人力資源管理的六大模組，未必都涉及公司目標，從 HR 的角度，如何將六大模組從通用的工作提升到一個可挑戰的難度，這就要從戰術的角度來解讀。

(1) 人力資源規劃

人力資源規劃相關的 OKR 設定如表 6-7 所示。

表 6-7　人力資源規劃模組的 OKR

O	KR
有效展開企業組織機構的調整與分析	組織規劃設計經由總裁辦公室評審
	業務規劃設計經由總裁辦公室評審
	組織模型規劃設計經由總裁辦公室評審
有效進行人員的供給需求分析	編制資料完成模型化
	有效工時產出計算完成
	建立 SFE（Sales Force Effectiveness）最佳化銷售效能模型分析
制定企業人力資源各相關制度	薪酬制度編制完成並頒布實施
	績效管理制度編制完成並頒布實施
	企業文化制度編制完成並頒布實施
	職業生涯設計編制完成並頒布實施

人力資源規劃的核心問題，是人員編制與組織機構設計，還要建立制度，而人員的編制規劃與公司策略發展和業務發展息息相關。公司如果採取擴張發展模式，搶占市場占有率，那就要配備與之相應的人力，並涉及擴張的地區，建立線下推廣或店鋪人員，組織機構就要配以區域管理、事業部制、大區負責制。而如果是鞏固核心市場，精耕細作，則組織機構就要以集團管控，內部加強管控，建立集中採購和審計，以及督導營運，確保提升客戶體驗，提高回購率。而如果是採用線下體驗、線上行銷，則又是另一種組織機構與人員配置。

因此 HR 在做規劃時，不是按以往的經驗值，來估算明年的用人數量和人工成本，這樣的邏輯不能適應企業面對市場競爭而採取的應對策略。而如何採取不同的組織機構模式，本身就需要 HR 深刻體會業務的變化，擁有敏銳的洞察力，突破現有組織機構的框架，並向高層提供建

第 6 章　OKR 與績效考核如何並存

議，因為高層和各業務單位高階主管，並不能深刻了解組織機構的設定，而高層與各業務單位的高階主管，往往又是處於賽局的狀態，所以需要有專業的建議，以便突破這個局面，那麼 HR 能提出建議嗎？對未來的企業，如何去中心化、去批核化、自組織、自管理、自發展？大平臺還是合夥制？外包還是自營？如何由僱傭制轉為合作化？該如何建立平臺化組織、指數型組織、人單合一組織、阿米巴組織、鐵三角組織？

（2）招募與配置

招募與配置模組相關的 OKR 設定如表 6-8 所示。

表 6-8　招募與配置模組相關的 OKR

O	KR
高效進行招募需求分析	人事費用率管控模型建立完成
	收入成本率動態管控模型建立完成
建立工作分析和勝任能力分析模型	勝任能力分析模型建立完成
	各層級相應職、權、利界定明確
	管理職級晉升規定頒布、實施
	測評技術應用
建立高品質的內部人才庫	人才庫 1.0 版本建立完成
	紅、黃、藍人才資訊完成初始化
	人才庫資料維護、建立，提出報告
	人才庫資料分析報告
積極拓展各種新招募管道	獵頭管道拓展 10 家
	所有線上垂直招募管道全部拓展
	線下舉辦業內招募活動 5 場
	參加展會、論壇 5 場
	打 Cold Call（陌生電話）200 個
積極展開高品質的招募活動	招募管理流程，設定優先順序
	編制招募分析報告及報表
	編制同產業競爭對手人才報告

招募難，是目前大多數企業 HR 的一個痛點，難在找不到適合的人才，沒有有效的面試履歷，也就是說源頭有問題，另外還有薪酬的問題，真的優秀人才都薪酬很高，而企業目前的薪酬水準缺乏有效的競爭力，Offer 談不下來。

從另一個角度來看，企業的 HR 也存在問題。目前 HR 在招募的心態和管道上是有問題的。心態的問題是，目前是賣方市場，無論是高技術人才還是勞動力，都很短缺，在這樣的環境下，如果企業 HR 的心態還是坐等，那肯定不行；管道的問題，只在一些求職網站上發布職位資訊，然後就坐等，這樣的招募手段是很難找到優秀的人才的。因為優秀的人才都不在這些網站上更新履歷了。所以要建立自己的人才庫，向獵頭學習，透過打大量的 Cold Call（陌生電話），獲取候選人履歷，並進行產業匹配分析，勾勒出目標公司的組織架構和人員配置圖，多加入候選人所在的專業社群，單獨發私訊聊天，還要充分利用各種社交媒體，搜尋加好友，還要多參加公司所在產業的各種高峰會和論壇，充分拓展人脈。

因此要做好招募，一定要有行銷的概念和心態。你要把公司賣出去，招募人員其實是公司第一個出場的行銷人員，要考慮你的候選人會在哪裡，用什麼方式進行溝通，你要想辦法進入到那裡，不要一本正經地公開職缺、介紹公司，因為沒有新意，也打動不了候選人，要有更多的互動，候選人想什麼、需求是什麼，你能有什麼方式可以打動他們。

另外招募是一個綜合工作的展現，在拓展招募管道以外，還要做好對同行的了解，透過面試，可以了解到同行的人力資源配置、薪酬水準、目前的主要專案等，可以做出**同行業分析報告**。另外透過候選人對本公司的了解和關注點，**提出建立雇主品牌的建議**。還要對用人部門的人事費用率和收入成本率進行分析，提供**人員編制分析報告**，透過對人均產出進行分析，編制人員效率評估報告，評估新人入職是否達到了預期效果。

（3）培訓和發展

培訓和發展模組相關的 OKR 設定如表 6-9 所示。

表 6-9 培訓和發展模組的 OKR

O	KR
建立完整的培訓規劃系統	高效做好每一場培訓需求分析報告
	設計完成年度培訓大綱
	培訓課程開發完成 5 門
	TTT 培訓培訓師團隊建立
建立培訓效果評估系統	培訓效果評估學員反應，每一次課程結束完成學員評估
	培訓效果評估學習效果，培訓後三個月進行追蹤評估，提出報告
	培訓效果評估行為改變，培訓後六個月，進行對比觀察，提出報告
	培訓效果評估產生的效果，培訓後一年，進行對比評估，提出報告
建立職級評審系統	職業發展規劃設計並實施
	確立逐級任職資格及技能標準
	安排出題、考試、評卷、答辯全部過程
	與任職資格和薪酬結合
建立內部培訓平臺化	案例庫建立，完成百例
	問答集資料收集，完成百例
	培訓課程影片錄製、上傳，完成線上學習平臺

培訓不能只是請幾個老師來做內訓，那不能解決問題。首先要對需求進行分析，針對公司的全年目標，做哪些培訓？誰來參加培訓？解決什麼問題？這些問題的答案，不是一份培訓問卷就可以得到的，要與公司高層、各層級的人，進行訪談，再彙整分析後，才能形成 HR 專業的意見。我們發現，現在企業的很多培訓需求，往往是高層一句話，說我

們今年要強調執行力、要提高中階主管的管理能力、要學習阿米巴，等等，然後 HR 就開始找培訓機構、找老師。這種做法缺乏系統，培訓是發揮了答疑解惑的作用，但難以有效轉化為行動。

因此要有規劃才能行動，規劃就要形成系統，內訓與外訓結合，自己的問題只能自己解決，要培養自己的培訓師團隊，並能夠使自己的培訓師開發課程。

培訓最後是要有效果的，因此如何有效追蹤培訓效果，是一個將學習轉化為行動的衡量指標。培訓學習要有激勵作用，否則大多數人是不願意學習的，因此要設計任職資格系統，每一個晉升的階段都要設定相應的知識系統，這樣才能引領員工有動力也有方向學習，變「要我學」為「我要學」，將學習轉化為行動，這樣的學習才會有效果。

(4)績效管理

績效管理模組的 OKR 設定如表 6-10 所示。

表 6-10　績效管理模組 OKR

O	KR
績效工具選擇與應用	KPI 關鍵績效指標工具應用
	KPA 關鍵績效事件工具應用
	BSC 平衡計分卡工具應用
基於策略的績效目標設定	策略目標設定完成
	年度經營目標設定並落實分解
	將上級要求納入任務考核，及時變更
高效完成績效目標分解	年度總目標的設定
	分解到部門目標
	再分解到個人目標
	設計完成部門、個人指標系統

第 6 章　OKR 與績效考核如何並存

O	KR
積極推進績效管理過程	績效追蹤，提出月度報告
	績效結果評估，提出週期評估報告
	績效溝通，落實到每個人
	績效獎懲，及時應用到薪資和獎金
建立績效模型的有效應用	明日之星是誰
	金牛員工是誰
	落單孤雁是誰
	危險員工是誰
	迷途羔羊是誰

　　績效考核是 HR 的又一個難點，因為 KPI 作為考核工具，只能考核可量化的指標，對於不能量化的指標難以有效考核，而公司的各項工作無法做到全部可量化，即使是費盡心思找出了可量化的指標，但這些可量化指標，並不是被考核部門一個部門就可控的，因此即便考核了也不能有效改變結果。而 KPI 又是目前的主流考核工具，這就造成了如果不考核，老闆不高興；如果考核，被考核人不滿意的局面。

　　績效管理的核心，將全公司所有人的工作，調整為以實現目標為方向，確保完成目標。因此在績效考核工具的選擇上，要幾種工具相結合使用。KPI 適用於業務部門，如銷售收入、利潤、回款、銷售費用、客戶數等可以量化的指標。KPA 適用於非業務部門。考核不是最終目的，還要進行績效回饋與溝通，讓被考核者知道，哪裡做得好，哪裡做得不好，如何改進績效差的工作，在下一個考核週期裡，可以有效提升。並將考核結果結合獎懲，獎優罰差，激勵員工。績效考核最重要的目的是透過考核，能夠分清不同的人，誰是明日之星，誰是金牛員工，誰是落單孤雁，誰是危險員工，誰是迷途羔羊，從而解決人的問題。

(5) 薪酬與激勵

薪酬與激勵模組的 OKR 設定如表 6-11 所示。

表 6-11　薪酬與激勵模組 OKR

O	KR
制定有針對性的薪酬激勵策略	外部薪酬調查，提出報告
	研發人員激勵政策，提出方案並實施
	業務人員激勵政策，提出方案並實施
	高階主管人員激勵政策，提出方案並實施
建立職位價值評估系統	職位貢獻價值，設定職位評估價值面向
	職位評估，完成相應職位的評估報告
	職等職級，建立公司的職級系統
制定寬幅薪酬策略 制定調薪策略系統	九宮格試算：學歷、年資、職級、職稱、績效考核、企業文化認同等與考核間的權重設定
	職位評估價值

薪酬已不只是核算、發放薪資那麼簡單的事，公司目前的薪酬在同產業競爭對手中，處於什麼樣的百分比，決定了公司的薪酬是否有競爭力，但同時又不是需要所有的職位都具有較強的競爭力，這樣的薪酬成本就太高了，所以要先制定公司的薪酬策略是什麼，什麼樣的職位薪酬要在 70%，什麼樣的職位在 55%。內部同樣是經理級，彼此間要有不同，有級差，職位評估解決不同職位的價值。寬幅薪酬解決的是，不同職級可對應的薪酬，以及每一級別，可以拆分出的薪酬等級，這樣即使沒有職位的晉升，也可以有相應的薪酬等級，可以獲得加薪。

每到年底如何加薪，都是令 HR 頭痛的事，首先是加多少，其次是什麼樣的人可以加，往往只能根據以往的資料進行加減，但是沒有說服力。九宮格可以解決加薪依靠主觀判斷的問題，透過九宮格，對調薪要素設定不同的權重，然後把每個人的要素代入，就能得出各自的加薪比例，再與可分配的總額進行幾輪試算，就能得出最終結果。

第 6 章　OKR 與績效考核如何並存

薪酬是一方面，激勵更重要，針對不同職能的研發人員、業務人員、高階主管人員設定激勵政策，這才能真正激發員工的幹勁。也就是說，針對不同的職能，需要制定特別的激勵政策，要真正與他們的貢獻相結合，而這些職能的職位特性又不一樣，研發人員的產品面世需有待滯後，以滯後的產品銷售來分配獎金，這些研發人員就早走了。業務人員也是要區分的，大客戶業務人員是以關係維護為主，獎金如何分？終端業務人員是以面對面簽單為主，獎金是個人提還是團隊提？線上業務人員是以行銷為主，獎金如何分？

（6）員工關係

員工關係模組，相對政策性比較強，也較為基礎，就不設 OKR 了。

6.2.3　用負面清單設定不可接受事件

在企業管理中，負面清單特指不可以觸碰的事，也就是說，企業會明確列出，在生產經營活動中，有哪些事是不可以發生的，一旦發生會進行績效扣分。這與企業的員工手冊中所列的那些懲罰條例作用相似，都是明確禁止的，只是員工手冊側重的是員工行為規範，不得吵架、打架、受賄這一類事情，視情節嚴重，給予警告，直到開除。而在日常工作中，要考核員工的績效表現，因此這個不可接受事件，是根據不同的職位而單獨制定的，也就是說，在不同的職位，都會設定哪些事情是不可以做的，一旦發生了，就要直接扣 10 分以上的績效分數，會影響到績效獎金的數額。

不同職位所設的不可接受事件的分值，視各公司的具體情況來設定，但扣分要從 10 分起扣，因為一般績效等級分為 A、B、C、D 四等，各級之間的差額為 10 分。另外不可接受事件，可以一直列著，每年

會重新評估一次，如果在這一年裡，所列的不可接受事件沒有發生過，可以在第二年適當減少，至於增加不可接受事件，則可以在每一個季度考核期開始前，就新增到本季度的考核表中，以便於經理隨時調整考核要求。

以 HR 為例，對於招募主管而言，什麼是這個職位不能出的錯呢？什麼是這個職位不應該發生的錯呢？肯定是職位招不到人，但現在招人困難，已不是一個招募主管個人能解決的事，還會涉及企業本身存在的問題，如薪酬水準低、工作環境差等，因此要將工作再聚焦一下，如履歷推送連續幾週沒有進展，那就是招募人員職位的責任了，人招不到但不能履歷也找不到，那就是明顯失職了，還有就是關鍵人員職位的背景調查失實，主要是學歷造假、以往工作職位虛高、工作時間段有出入、前雇主評價不好等，這都是屬於嚴重失職的工作。其他還有對政策的理解不確實、溝通失誤，等等（見表 6-12）。

表 6-12　招募主管不可接受事件

不可接受事件	分值
每一個招募職位連續 7 天沒有進展	－10
關鍵職位新人的背景調查失實	－30
未按規定流程、制度運行，產生負面影響，造成員工合理投訴，視情節扣分	－50
因理解不確實，曲解意圖，傳遞訊息有誤，造成對外溝通誤導的嚴重不良後果	－20

對於薪酬主管而言，這個職位的失職主要是與薪酬相關的計算錯誤，報稅出錯，對相應病假、事假、產假的政策理解不確實，扣款出現錯誤等（見表 6-13）。

表 6-13　薪酬主管不可接受事件

不可接受事件	分值
薪資計算錯誤	－10
所得稅未及時申報	－10
未按規定流程、制度運行，產生負面影響，造成員工合理投訴，視情節扣分	－50
因理解不確實，曲解意圖，傳遞訊息有誤，造成對外溝通誤導的嚴重不良後果	－20

對於績效主管而言，這個職位的失職主要展現在，績效分數統計彙整時出現錯誤、延期，還有對績效政策的解讀不確實，引發員工投訴等負面影響（見表 6-14）。

表 6-14　績效主管不可接受事件

不可接受事件	分值
員工對績效政策有投訴	－10
績效考核分數統計未能按時完成	－10
未按規定流程、制度運行，產生負面影響，造成員工合理投訴，視情節扣分	－50
因理解不確實，曲解意圖，傳遞訊息有誤，造成對外溝通誤導的嚴重不良後果	－20

對於培訓主管職位而言，不可接受事件包括培訓主管自己講的課，員工滿意度低於 80%，說明這個課程在公司內部不受歡迎，還有在政策解讀時誤導，引起員工投訴（見表 6-14）。

表 6-14　培訓主管不可接受事件

不可接受事件	分值
培訓評估低於 80%	－15
因工作失誤未按規定流程、制度運行，產生負面影響，造成員工投訴	－10
因理解不確實，造成對外溝通誤導，曲解意圖，傳遞訊息有誤	－10

作為 HRBP（人力資源業務合作夥伴）職位，不可接受事件主要是指被員工投訴工作態度惡劣，對總部要求貫徹執行的工作未做確實，因工作失誤，或未按規定流程操作，產生負面影響，引發員工投訴（見表 6-15）。

表 6-15　HRBP 不可接受事件

不可接受事件	分值
因工作態度惡劣被投訴	－10
對總部要求執行的工作未做確實	－10
各類費用的報帳錯誤	－10
因工作失誤未按規定流程、制度運行，產生負面影響，造成員工投訴	－50
因理解不確實，造成對外溝通誤導，曲解意圖，傳遞訊息有誤	－20

人力資源人員作為公司重要的職能部門職位人員，負責解答公司制定的一系列政策，很多時候因為言語不當或理解不準確，或表達不完整，或沒有理解對方的意思，或本身情商不高，或工作態度比較生硬，造成員工不滿，而引起負面影響。集中展現在敏感時期，或敏感階段，如年終獎金發放、轉正考核被淘汰、辭退、病產假薪資扣發等事件的處理上。

6.2.4 用 KPI 設定日常事務事件

「如果你不能描述，那麼你就不能衡量。如果你不能衡量，那麼你就不能管理。如果你不能管理，那麼你就不能得到。」羅伯特·S·卡普蘭這樣說，所以管理的核心要義是首先能夠描述清楚，並能夠明確產出的結果，我們往往認為，只有量化才能夠可衡量，其實不然，能夠明確產出結果的都是可衡量的。比如：

1）開一次會議的產出結果 —— 會議紀錄，表示會議開過了，並有了明確的會議結果和會議的產出，這就是可衡量的；

2）專案進展的產出結果 —— 關鍵專案節點，在關鍵專案節點時的工期、品質，就是可衡量標準；

3）公司管理變革並開始推行 OKR，產出結果 —— OKR 試點推行，試點人員全部設定到個人的 OKR。

因此在日常事務的設定中，可以是 KPI 指標的量化，也可以是一個事件和描述及明確的產出結果。

下面還是為人力資源管理的各相關模組設定日常事務。

1. 招募主管

招募主管的日常工作，就是與實施招募相關的，完成招募任務、管道建立、面試安排、背景調查、招募資料報表的編制等，都是一直會重複做的事。日常事務占 70 分（見表 6-16）。

表 6-16　招募主管的日常事務

日常事務 70%	產出結果	實施步驟	分值
招募	在規定時間內完成銷售總監、物流經理、Java、.net、HRBP等招募任務，受內、外部因素的影響，有 20%的浮動	了解職位需求	30
		篩選履歷	
		XX 以外地區的電話面試	
		XX 地區的結構化面試	
		薪酬談判	
候選人背景調查及綜合測評	確保錄用人員背景的真實性和有效性	用打 Cold Call（陌生電話）等方式背景調查候選人的過往資訊	10
		用身分證驗證錄用人員的背景	
		使用測評軟體進行資料化測評	
招募管道維護	開發多種招募管道，以更有效找到合適候選人	維護獵頭論壇	20
		維護招募論壇	
		針對某些職位用 Cold Call 的方式找出候選人	
彙整各地招募需求	有效控制各地招募實施	跟進招募進展	10
		彙整招募週報	

2. 薪酬主管

　　薪酬主管的日常工作與薪酬核算相關，主要是薪酬計算、所得稅申報、薪酬發放、人力成本分析等相關工作，也是每月一直要重複的工作，占 70 分（見表 6-17）。

表 6-17　薪酬主管的日常事務

日常事務 70%	產出結果	實施步驟	分值
薪資計算	薪資計算完成，並完成轉帳	1. 薪酬系統更新 2. 檢查員工考勤 3. 檢查員工加班 4. 資料匯入系統 5. 績效考核結果與績效薪資之間換算 6. 最後檢查 7. 匯出系統 8. 手動製作薪資表格 9. 付款通知書製作 10. 批核 11. 發至各財務人員 12. 銀行代發模板製作 13. 發至各銀行 14. XX 地區員工轉帳	40
財務資料表	各財務人員月初對帳	1. 手動製作財務資料表 2. 資料篩選 3. 微調資料 4. 各地區分別發至各財務人員	10
個人所得稅申報	員工個人所得稅申報完畢	1. 製作所得稅模板 2. 進行各地區的所得稅申報 3. 所得稅金額核對 4. 進行扣款操作	10
外包公司事務	與外包公司聯繫員工事務	1. 外包公司員工社會保險基數提供 2. 外包公司員工社會保險核對並製作付款通知書 3. 與外包公司溝通外包員工社會保險、退休金、薪資問題	5

日常事務 70%	產出結果	實施步驟	分值
人力成本分析	完成上年度標準人力成本分析模板	完成本年度第一季度加班資料收集	5
		根據地區完成人事費用率、收入成本率、人均工時的分析	

3. 培訓主管

培訓主管的日常工作，主要與培訓實施有關，培訓組織、培訓評估、培訓大綱的實施，也是一直在重複的工作，占 70 分（見表 6-18）。

表 6-18　培訓主管的日常事務

日常事務 70%	產出結果	實施步驟	分值
培訓	追蹤各部門培訓計畫與回饋	1. 按照月度培訓計畫監督輔導 HRBP，安排銷售課程培訓	40
		2. 分析各區域培訓紀錄及回饋，對培訓資源進行合理調配	
協助其他人力資源模組的推動	協助其他模組	第一季度明星員工評選	20
	員工關係	處理員工衝突及平復員工情緒，組織情緒管理培訓，並簽字確認	
月報及週例會組織運行	按時提交月報和參加週例會	每一個月 15 日提交培訓月報	10

4. 績效主管

績效主管的日常工作主要是與績效考核有關，績效考核推進、分數統計彙整、對異常情況的報告分析也是日常重複的工作（見表 6-19）。

表 6-19 績效主管的日常事務

日常事務 70%	產出結果	實施步驟	分值
績效推進	根據各部門績效目標，進行統計追蹤，對異常情況進行調查總結並分享	1. 收集各部門報表及會議計畫並稽核 2. 對各部門績效異常進行追蹤整合 3. 召開績效管理會議，對各部門績效做總結，指出存在的問題、解決方案及下個月目標，並協助總經理輔導主管級別以上員工，進行績效面談培訓	30
績效—XX關務單證組	分析報告完成	分析報告初稿 分析報告薪酬補充 完成	15
績效—高階主管績效方案	高階主管績效考核參考方案	資料收集 方案整理及發送	15
績效統計	月績效統計完成	1. 月績效統計完成 2. 對沒有按時提交考核表的相關人員進行績效處罰	10

5.HRBP

HRBP 的日常工作，主要是與員工在公司的勞動出勤、法律法規相關，與錄用、試用期考核、轉正、病事假、出勤、薪資核算、社會保險、轉職、離職等密切相關，也是一直都在做的重複性工作，占 70 分（見表 6-20）。

表 6-20 HRBP 的日常事務

日常事務 70%	產出結果	實施步驟	分值
人事異動	人事異動跟進	人事異動面談	10
薪資表	在規定的時間內完成	每月 31 日前完成薪資表	10
招募	以合理薪資招到適合人才	（1）網上篩選合格履歷； （2）與用人部門一起面試，確定複試名單； （3）與相關領導者溝通進一步的複試、終試事宜； （4）薪酬確定； （5）錄用批核流程	30
人員編制	人員編制準確	不定期更新人員編制	5
政策補貼	在規定的時間內完成	不定期申請各項政策性補貼	5
生育津貼	在規定的時間內完成	不定期申請各項生育津貼	5
年假維護	更新年假資訊	每月、年對年假進行維護	5

6.2.5　兩種不同的 OKR 類型

在 OKR 主要有兩種表現形式，承諾型（日常營運類、行動性目標）OKR 與挑戰型（願景型）OKR。[015]承諾型OKR是公司必須完成的目標，如產品發表計畫、招募、市場占有率等，是公司日常營運的工作。通常由管理階層設定公司級別的目標，由員工設定部門級別的目標。承諾型

---

[015] 約翰‧杜爾（John Doerr）. 這就是 OKR［M］. 曹仰鋒，王永貴，譯. 北京：中信出版社，2019.

第 6 章　OKR 與績效考核如何並存

OKR 指標預期得分是 1.0。若得分低於 1.0，則需要解釋未完成部分的原因，因為它表示團隊在制定計畫或執行計畫時存在著某種失誤。

挑戰型 OKR 的目標，相對而言，是公司以後如何改變世界的更大構想，旨在幫助員工找出其如何為公司的挑戰性目標做出貢獻，可來源於公司各個層面。因為這些目標的挑戰性很大，所以週期也會較長，一般而言以年度為週期，而且因為挑戰性大，還可能會有 30% 至 40% 的失敗機率。另外，有一些日常營運類目標也有挑戰性，各企業根據自身實際情況進行設定，如圖 6-6 所示。

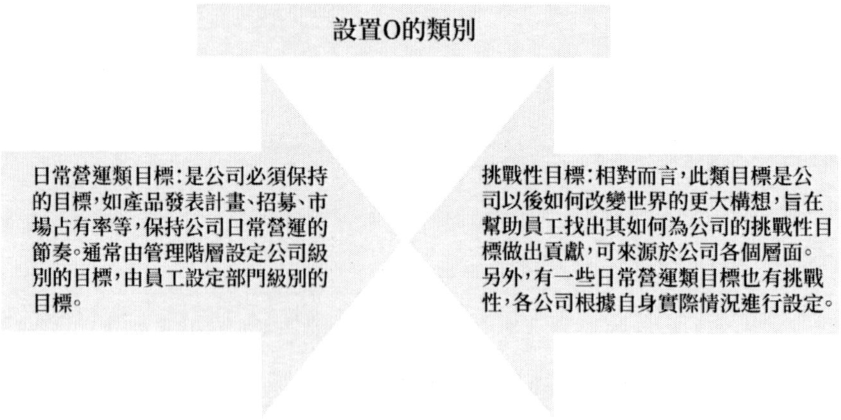

設置O的類別

日常營運類目標：是公司必須保持的目標，如產品發表計畫、招募、市場占有率等，保持公司日常營運的節奏。通常由管理階層設定公司級別的目標，由員工設定部門級別的目標。

挑戰性目標：相對而言，此類目標是公司以後如何改變世界的更大構想，旨在幫助員工找出其如何為公司的挑戰性目標做出貢獻，可來源於公司各個層面。另外，有一些日常營運類目標也有挑戰性，各公司根據自身實際情況進行設定。

圖 6-6　兩種不同的 OKR 類型

實際上，承諾型 OKR 與 KPI 指標有很高的相似度，如：日常營運工作、必須完成、部門級指標等。也就是說，Microsoft、Google、Intel、Facebook 等公司所宣傳的「去 KPI」，其實並沒有去，而是將 KPI 的指標融入了承諾型 OKR 中而已。由此可以得出，在 OKR 的語境裡，KPI 與 OKR 是並存的。

筆者覺得 KPA 模型的描述對 OKR 與 KPI 的並存應用，更加清楚，彼此間的切割也更加合理。

第 7 章
案例：B 水務集團

第 7 章　案例：B 水務集團

7.1　背景介紹

1. B 水務集團 G 業務區簡介

B 水務集團是專注於水資源循環利用和水生態環境保護事業的旗艦企業。B 集團作為基礎設施和公用事業重要的投融資平臺，旗下擁有 10 家上市公司，營業收入、資產總額、利潤均位居同業前列，是公用事業類企業之一。B 水務集團 G 業務區是從事專業化水務、環境專案投資、建設、營運的區域管理平臺。目前已設立（含擬新設）公司 20 個、水廠 37 座，累計總投資規模達 132 億元，合約水量總規模達 180 萬噸／日，現有員工 1,500 餘人。

2. OKR 系統推進背景

問題如下：

（1）業務區及專案公司工作目標不統一，未能有效承接集團策略；

（2）各部門／專案公司重業務、輕管理，以救急性工作為主；

（3）部門目標和個人工作目標重複的問題總是出現；

（4）員工執行力弱，個人工作隨意性傾向嚴重。

綜合以上背景，幫助業務區及專案公司辨識策略的優先工作事項，承接集團策略，由被動管理轉變為主動經營，工作目標上下對齊、左右同步、聚焦、穿透，培育團隊的目標導向、結果意識、加強跨部門合作，適應快速的市場環境變化，以及在辨識高績效員工方面能夠發揮關鍵作用。

7.2 OKR 諮詢

首先是企業目標設定，找出頂層設定的企業最高目標 O。O 從哪裡來呢？就要**透過企業的策略目標的梳理，透過對願景的描述來思考未來企業要成為什麼樣子，向誰學習，成為誰，超越誰，找到標竿，歸納出當下的目標 O**。

其次是 OKR 理念的實行，從頂層向下逐級宣導 OKR 的理念：MBO vs. OKR、KPI vs. OKR、目標如何貫徹六層、如何設定 O 的有野心和可挑戰性、如何設定 KR 打破常規、OKR 如何激發個體、OKR 的獎勵如何執行、OKR 的分數如何評定、OKR 的試錯機制，等等。

再次是 OKR 的制定，O 的設定，以及 KR 的制定，並透過上級的 KR 是下級的 O 這一項指導原則，層層分解 O，運用 3＋2 模式，鼓勵個人提出兩個有挑戰性的目標，對整個目標制定的過程，由專案組進行「討論」。「討論」在 OKR 的語境中，是對制定的 O 和 KR 提出意見，指出 O 不具備足夠的挑戰性，指出 KR 不具有創新性，並給予指導，應該如何設定具有挑戰性的 O 和打破常規的 KR。OKR 的制定逐級進行，並最終到實施 OKR 的個體，有多少人參考，就會有多少份個體的 OKR，經過幾輪的「討論」，才能最終定型。

復次是 OKR 的實施，在實施的過程中，要進行週追蹤、月總結、季度評估，因此在 OKR 的實施中，溝通的頻率很高，每週要進行 OKR 的執行追蹤，追蹤的重點就是 KR 的執行情況，KR 一定要有進展，如果某個 KR 連續兩、三週沒有進展，就要進行 KR 的替換，這個替換只需要與員工的上級溝通，並達成共識就可以。在替換 KR 的過程中，要考察的重點是，新的 KR 難度係數要與被替換 KR 的保持一致，不能高或者低。

第 7 章　案例：B 水務集團

最後是定期召開季度員工大會，由經理講解本團隊每個人的上季度 OKR 的得分，並評論每個人的表現，更要指出每個人的分數背後，意味著什麼，與集團縱向比較，與同產業橫向比較，然後由參與 OKR 的每個人，投票評選出上個季度的 MVP，投票標準就是看誰的 OKR 最具有挑戰性、最具有野心（見圖 7-1）。

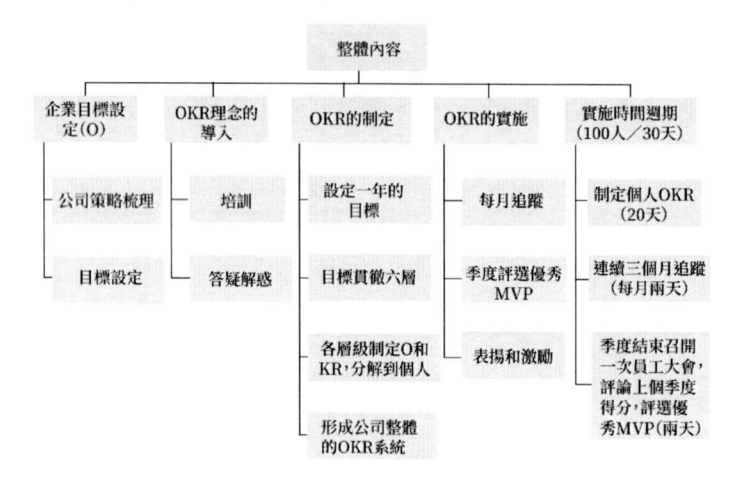

```
                        整體內容
   ┌──────┬────────┬────────┬────────┬──────────┐
企業目標設   OKR理念的   OKR的制定   OKR的實施   實施時間週期
 定(O)        導入                              (100人／30天)
   │          │          │          │              │
公司策略梳理  培訓     設定一年的   每月追蹤    制定個人OKR
                        目標                      (20天)
   │          │          │          │              │
 目標設定   答疑解惑   目標貫徹六層  季度評選優秀  連續三個月追蹤
                                    MVP         (每月兩天)
              │          │          │              │
                      各層級制定O和  表揚和激勵   季度結束召開
                      KR,分解到個人              一次員工大會,
                                                評論上個季度
                          │                     得分,評選優
                      形成公司整體                秀MVP(兩天)
                       的OKR系統
```

圖 7-1　OKR 實施的思路

7.3 目標設定

B水務集團年初下達給G業務區兩大類指標，一類是經營業績目標，另一類是管理效率目標。

1. 經營業績目標

經營業績目標細化了各項指標（見圖7-2），涉及以下方面：

1）利潤指標（年度利潤4億元，中期利潤1億8,000萬元）；
2）現金流指標（應收帳款、資金回收、集團其他）；
3）專項處罰（生產安全、品牌安全、雇主品牌、審計專項）；
4）增量業務（城鎮水務專案≥25萬噸／日）。

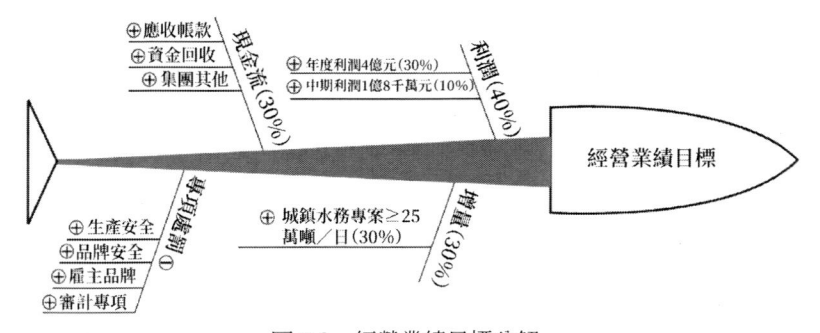

圖7-2　經營業績目標分解

2. 管理效率目標

管理效率目標涉及四類指標，並都有細化指標（見圖7-3）：

1）存量管理（完成建設專案完工計畫，完成2018年之前開工建設專案待辦事項，汙水廠和淨水廠出水達標率100％，技改計畫完成率100％，設備完善率不低於96％，並滿足節能、高效、安全運行的要求，按計畫完成設備大修重置改造重點追蹤項目，完成營運巡檢與問題整治）；

第 7 章　案例：B 水務集團

2）經營管理（完成 2018 年轉商運計畫，完成 2018 年計畫調價、調保底任務，虧損和低收益項目的投資報酬率提高，按經營專項工作督辦、預警、檢查及其他要求完成）；

3）計畫營運（完成重點工作計畫，完成計畫經營委員會督辦任務（以任務單為準），按要求達到計畫營運項目計畫編制覆蓋率，按要求達到計畫營運項目訊息報送及時、準確率，按要求達到計畫營運項目一級節點完成率）；

4）管理提升及其他（完成人才配置與發展儲備計畫，完成安全檢查評估與問題整治，各專業部門及時準確提報資料、訊息、報告，其他事項）。

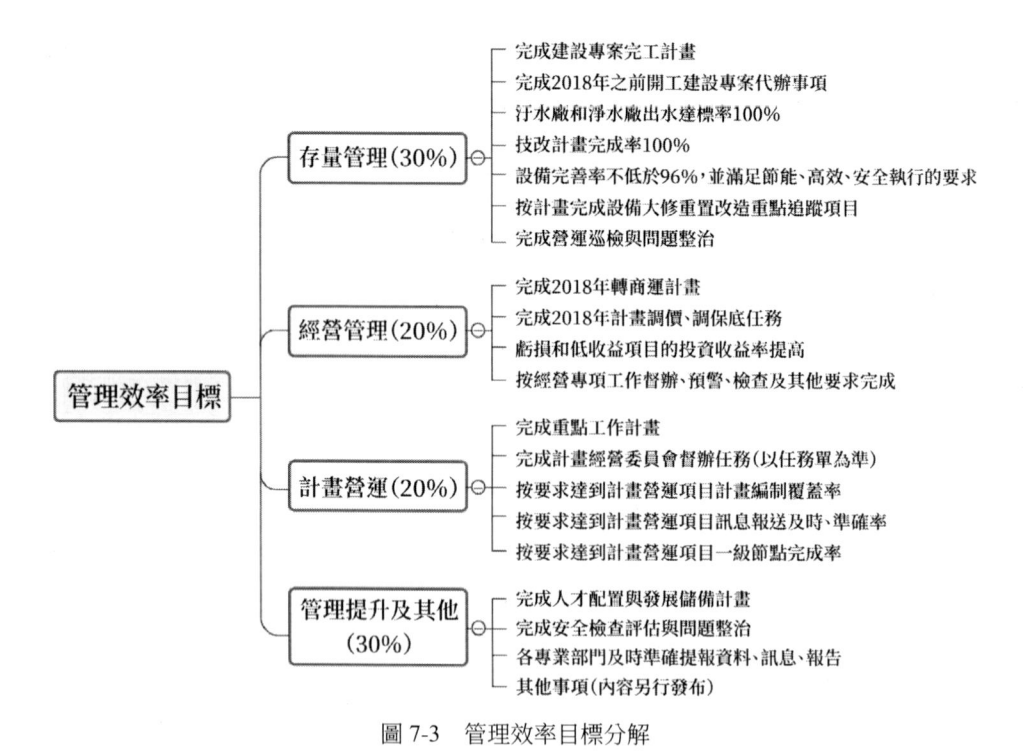

```
管理效率目標 ┬─ 存量管理(30%) ─┬─ 完成建設專案完工計畫
            │                ├─ 完成2018年之前開工建設專案代辦事項
            │                ├─ 汙水廠和淨水廠出水達標率100%
            │                ├─ 技改計畫完成率100%
            │                ├─ 設備完善率不低於96%，並滿足節能、高效、安全執行的要求
            │                ├─ 按計畫完成設備大修置改造重點追蹤項目
            │                └─ 完成營運巡檢與問題整治
            │
            ├─ 經營管理(20%) ─┬─ 完成2018年轉商運計畫
            │                ├─ 完成2018年計畫調價、調保底任務
            │                ├─ 虧損和低收益項目的投資收益率提高
            │                └─ 按經營專項工作督辦、預警、檢查及其他要求完成
            │
            ├─ 計畫營運(20%) ─┬─ 完成重點工作計畫
            │                ├─ 完成計畫經營委員會督辦任務（以任務單為準）
            │                ├─ 按要求達到計畫營運項目計畫編制覆蓋率
            │                ├─ 按要求達到計畫營運項目訊息報送及時、準確率
            │                └─ 按要求達到計畫營運項目一級節點完成率
            │
            └─ 管理提升及其他 ─┬─ 完成人才配置與發展儲備計畫
                  (30%)       ├─ 完成安全檢查評估與問題整治
                              ├─ 各專業部門及時準確提報資料、訊息、報告
                              └─ 其他事項（內容另行發布）
```

圖 7-3　管理效率目標分解

經營業績目標作為硬性的任務，是必須完成的，納入到 KPI 的指標，而管理效率目標，則是軟性的，很多工作不能以量化指標來衡量，

往往是透過行政指令的方式，透過主管會議的形式下達，然後再以專項檢查的方式，進行滾動式的推行，但收效並不能持久，這也是以往工作中存在的弊端。

如何將管理效率目標，形成公司整體目標，並層層分解到個人？可以透過 OKR 的應用來有效實現，先歸納出公司整體的 OKR 目標，那就需要頂層設計，制定出總經理的 OKR，再層層分解到個人。

7.4 各層級 OKR

1. 總經理的 OKR（見圖 7-4）

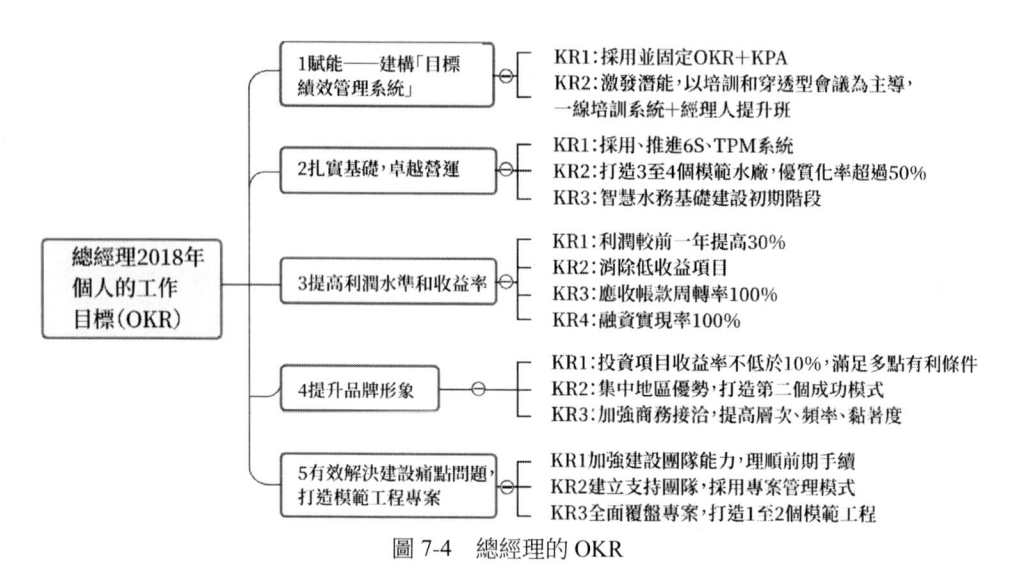

```
總經理2018年     ┬─ 1賦能──建構「目標     ─ KR1:採用並固定OKR+KPA
個人的工作       │   績效管理系統」         KR2:激發潛能,以培訓和穿透型會議為主導,
目標(OKR)        │                         一線培訓系統+經理人提升班
                 │
                 ├─ 2扎實基礎,卓越營運   ─ KR1:採用、推進6S、TPM系統
                 │                         KR2:打造3至4個模範水廠,優質化率超過50%
                 │                         KR3:智慧水務基礎建設初期階段
                 │
                 ├─ 3提高利潤水準和收益率 ─ KR1:利潤較前一年提高30%
                 │                         KR2:消除低收益項目
                 │                         KR3:應收帳款周轉率100%
                 │                         KR4:融資實現率100%
                 │
                 ├─ 4提升品牌形象         ─ KR1:投資項目收益率不低於10%,滿足多點有利條件
                 │                         KR2:集中地區優勢,打造第二個成功模式
                 │                         KR3:加強商務接洽,提高層次、頻率、黏著度
                 │
                 └─ 5有效解決建設痛點問題, ─ KR1加強建設團隊能力,理順前期手續
                     打造模範工程專案       KR2建立支持團隊,採用專案管理模式
                                           KR3全面覆盤專案,打造1至2個模範工程
```

圖 7-4　總經理的 OKR

OKR 的設計從頂層總經理劉某開始，總經理的 OKR 來自集團下達的經營業績目標和管理效率目標，**在 OKR 的語境中，不是所有的目標都可以是 O，只有挑選出最具有挑戰性和野心的目標，才能是 O**，按這個標準進行歸納而形成了總經理的 OKR。

O1：賦能－建構「目標績效管理系統」，其中有兩個 KR，分別是 KR1：採用並固定 OKR ＋ KPA；KR2：激發潛能，以培訓和穿透型會議為主導，第一線培訓系統＋經理人提升班。

O2：扎實基礎，卓越營運，其中有三個 KR，分別是 KR1：採用、推進 6S 和 TPM 系統；KR2：打造 3 至 4 個模範水廠，改良率超過 50％；KR3：智慧水務基礎建設初期階段。

O3：提高利潤水準和報酬率，有四個 KR，分別是 KR1：利潤較前一年提高 30%；KR2：消除低收益項目；KR3：應收帳款週轉率 100%；KR4：融資實現率 100%。

O4：提升品牌形象，有三個 KR，分別是 KR1：投資項目報酬率不低於 10%，滿足多點有利條件；KR2：集中地區優勢，再現第二個成功模式；KR3：加強商務接洽，提高層次、頻率、黏著度。

O5：有效解決建設弱點問題，打造模範工程專案，有三個 KR，分別是 KR1：加強建設團隊能力，理順前期手續；KR2：建立支持團隊，採用專案管理模式；KR3：全面復盤專案，打造一至二個模範工程。

從以上總經理的 OKR 的設定中，可以看出，第一個 OKR 是攸關提高管理能力，對管理階層不斷賦能所進行的一系列培訓和潛能開發。第二個 OKR 是加強管理基礎，透過推進和採用 6S 和 TPM 系統，提高現場管理水準和促進規範化運作，並透過樹立模範水廠的方式，達成智慧水務基礎建設的初期階段。第三個 OKR 是著重經濟和效益，利潤提高 30%，作為龍頭，就可以帶動達成一系列的經濟指標，再加上應收帳款週轉率和融資實現率的完成。第四個 OKR 是有關提升雇主品牌形象，做好業務模式的複製，提高投資報酬率。第五個 OKR 是打造模範工程，實現專案管理規範化。

2. 總經理 OKR 的分解

那總經理的 OKR 是如何層層分解的呢？怎樣展現了上級的 KR 是下級的 O？從圖 7-5 可以看出分解的內在邏輯關係。

以總經理的 O2 為例，O2 是扎實基礎，卓越營運。KR1 是採用、推進 6S、TPM 系統；KR2 是打造 3 至 4 個模範水廠，優質化率超過 50%；KR3 是智慧水務基礎建設初期階段。

第 7 章　案例：B 水務集團

　　總經理的這三個 KR 分別由兩位副總分擔，KR1「採用、推進 6S、TPM 系統」，就是副總經理石某的 O，石某的 KR1 是「4 個 6S 模範水廠驗收合格，1 至 2 個水廠啟動」，同時這個 KR 也成為營運部經理的 O：推進現場基礎管理，達成模範水廠驗收。展現了上級的 KR 是下級的 O 這樣一個內部的邏輯關係。營運部經理的 KR 就是「完成兩個模範水廠及 6S 所有基礎工作，完成驗收」。

　　總經理的 KR2「打造三至四個模範水廠，改良率超過 50%」，就成了副總經理張某的 O「完成模範水廠核對標準梳理及提升、檢修方案制定」，張某的 KR 是 6 月底完成檢修方案的實施圖表單，同時這個 KR 也是專案經理的 O，那專案經理的 KR 就是：擬定設備檢修方案實施圖表單並安排實施。

　　總經理的 KR3「智慧水務基礎建設初期階段」，就成了副總經理石某的 O，他的 KR 是「專家小組梳理各水廠技術、設備問題」，同時也轉為了專案經理的 O，那專案經理的 KR 就是：實施地區汙染應急措施執行方案，5 月底確保出水達到一級 A 標。

　　透過這樣的分解（見圖 7-5），可以將總經理的 KR，經由副總經理再傳到專案經理，有明確的分解和傳導，確保了目標的穿透性。在實際工作中，目標設定越有高度、越有挑戰性，往下分解就會越有空間，否則越向下分解，就會到非常具體的工作，就可能沒有辦法再細分了。另外並非完全按照上級的 KR 是下級的 O 這樣一種關係，剛開始分解時，一開始的高度如果不夠高，可能兩層就分到底了，那就可以採取，下級的 O 依據上級的 O 展開，但未必就是上級的 KR 這樣的方式，也就是說，只要下級的 KR 與上級的 O 是對應關係，即使上級沒有列入他的 KR，下級也不能因此就不設為自己的目標，因此也對應了 OKR 在分解目標時的 3 ＋ 2 法則。

7.4 各層級 OKR

```
組織的OKR分解
├─ O2 扎實基礎,卓越營運
   ├─ KR1:採用、推進6S、TPM系統
   │  └─ 副總經理(石某)的O:完成6S模範水廠驗收
   │     └─ KR1:4個6S模範水廠驗收合格,1至2個水廠啟動
   │        └─ 營運部經理的O:推進現場基礎管理,達成模範水廠驗收
   │           └─ KR1:完成兩個模範水廠及6S所有基礎工作,完成驗收
   ├─ KR3:智慧水務基礎建設初期階段
   │  └─ 副總經理(石某)的O:智慧水務基礎建設初期階段
   │     └─ KR1:專家小組梳理各水廠技術、設備問題
   │        └─ 專案經理的O:專家小組梳理各水廠技術、設備問題
   │           └─ KR1:實施地區汙水廠應急措施運行方案,5月底確保出水達到一級A標
   └─ KR2:打造3至4個模範水廠,優質化率超過50%
      └─ 副總經理(張某某)的O:完成模範水廠核對標準梳理及提升、檢修方案制定
         └─ KR1:6月底完成檢修方案的實施圖表單
            └─ 專案經理的O:6月底完成設備檢修方案的實施圖表單
               └─ KR1:擬定設備檢修方案實施圖表單並安排實施
```

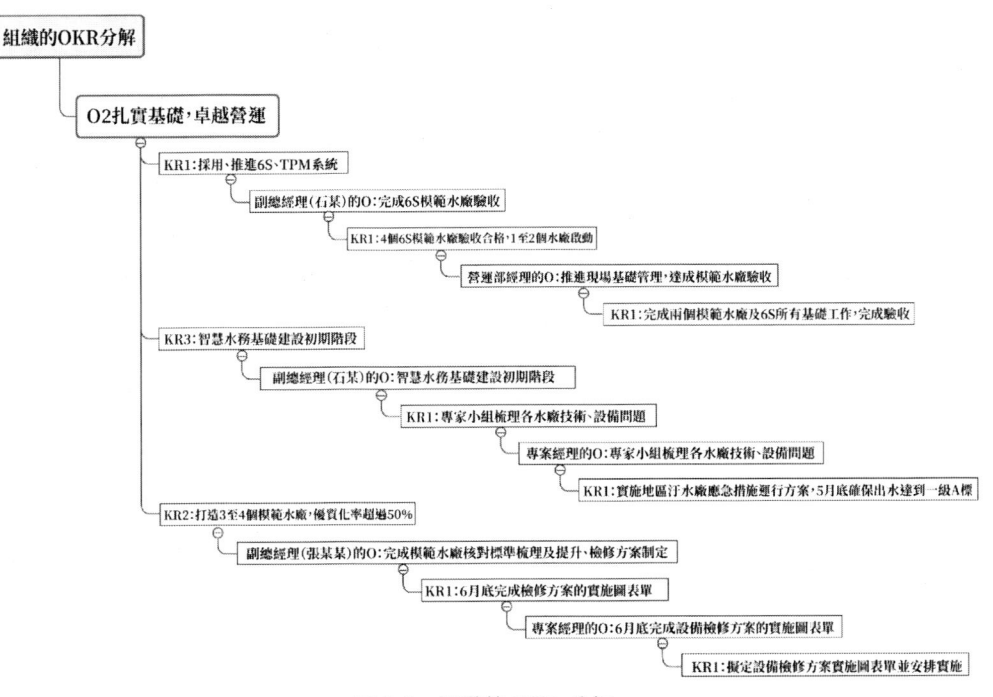

圖 7-5　組織的 OKR 分解

　　總經理的 OKR,五個 O 還是很有挑戰性的,每一個 O 設定的 KR 也有不同的工作內容,其中 O3 的 KR1「利潤較前一年提高 30%」,是將集團下達的經營業績目標所列的 KPI 裡,最重要的利潤指標,納入到 OKR 的目標中,從而兼顧了 KPI 的指標。每一個 O 也是各有重點,比較每一個 O 的 KR,可以發現 O4 的 KR3「加強商務接洽,提高層次、頻率、黏著度」,比較模糊,不具體,不好衡量,還有 O5 的 KR1 和 KR2 也相對不好衡量。

3. 公司各部門的 OKR 制定

　　圖 7-6 是各部門的目標分解表,總經理的 O 用了不同深淺,分別傳遞到不同的部門的 O。總經理的 O1「賦能－建構『目標績效管理系統』」對應副總經理石某的 O5「完成建立制度」、綜合部劉某的 O3「推行計

畫營運管控模式」、人力資源部李某的 O1「建構目標績效管理系統，確定第二季度 OKR」，O2「提高業務區團隊能力（能力測評＋任職資格系統）」，這些目標之間的關聯性，主要聚焦在「管理系統」上，那麼建立制度、管控模式、建構目標績效管理系統、提高團隊能力，都有相關性，但作為總經理的 O1，也只列出了兩個 KR，KR1「採用並固定 OKR ＋ KPA」；KR2「激發潛能，以培訓和穿透型會議為主導，第一線培訓系統＋經理人提升班」，而這兩個 KR 也被人力資源部列作了 O1 和 O2，但並不意味著這一項工作就可以全部展開了。**所以各部門的新增 O，一定是要出於對公司頂層目標的支持，而不只是單純地分解上級的 KR。**

再看各專案營運公司的 OKR，因為有很多身處不同地區的專案營運公司，作為各專案營運公司的有共性的 O，總經理的 O2「扎實基礎，卓越營運」，在各專案營運公司就變成 O3「保障生產的安全、穩定、節能、優質運行」；O4「推進現場 6S 工作，完成驗收，啟動 TPM 試點」；O5「模範水廠核對標準梳理及提升、檢修方案制定」；同樣總經理的 O3（提高利潤水準和報酬率），在各專案營運公司中對應的就是 O1「積極展開節能降耗，努力增加進水量，降低噸水電耗」；O2「保證當期水費 100％入帳」。

7.4 各層級OKR

各專案營運公司
- O1：積極展開節能降耗，努力增加進水量，降低噸水電耗
- O2：保證當期水費100%入帳
- O3：保障生產的安全、穩定、節能、優質執行
- O4：推進現場6S工作，完成驗收，啟動TPM試點
- O5：模範水廠核對標準梳理及提升、檢修方案制定

總經理(劉某某)
- O1賦能——建構「目標績效管理系統」
- O2扎實基礎，卓越營運
- O3提高利潤水準和收益率
- O4提升品牌形象
- O5有效解決建設痛點問題，打造模範工程專案

人力資源部(李某某)
- O1：建構目標績效管理系統，擬定第二季度OKR
- O2：提高業務區域團隊能力(能力測評+任職資格系統)
- O3：大力推進一線及管理人員培訓
- O4：強化團體和文化氛圍
- O5：提高人才保留率

副總經理(石某)
- O1啟動水費調價
- O2保證生產運行穩定
- O3完成6S驗收＋採用TPM
- O4模範水廠核對標準梳理
- O5完成建立制度

綜合部(劉某)：
- O1：100%完成第二季度大區組織績效各項指標
- O2：整體業務區6S驗收合格
- O3：推行計畫營運管控模式
- O4：建立宣傳團隊，展開宣傳
- O5：完成工作流程最佳化

G業務區2018年第二季度整體OKR概況示意圖

副總經理(張某某)
- O1提高團隊能力，不產生新的工程遺留問題
- O2有效解決建設項目痛點
- O3採用專案管理模式，提高現場管理水準
- O4扎實基礎，卓越營運(6S+智慧水務)

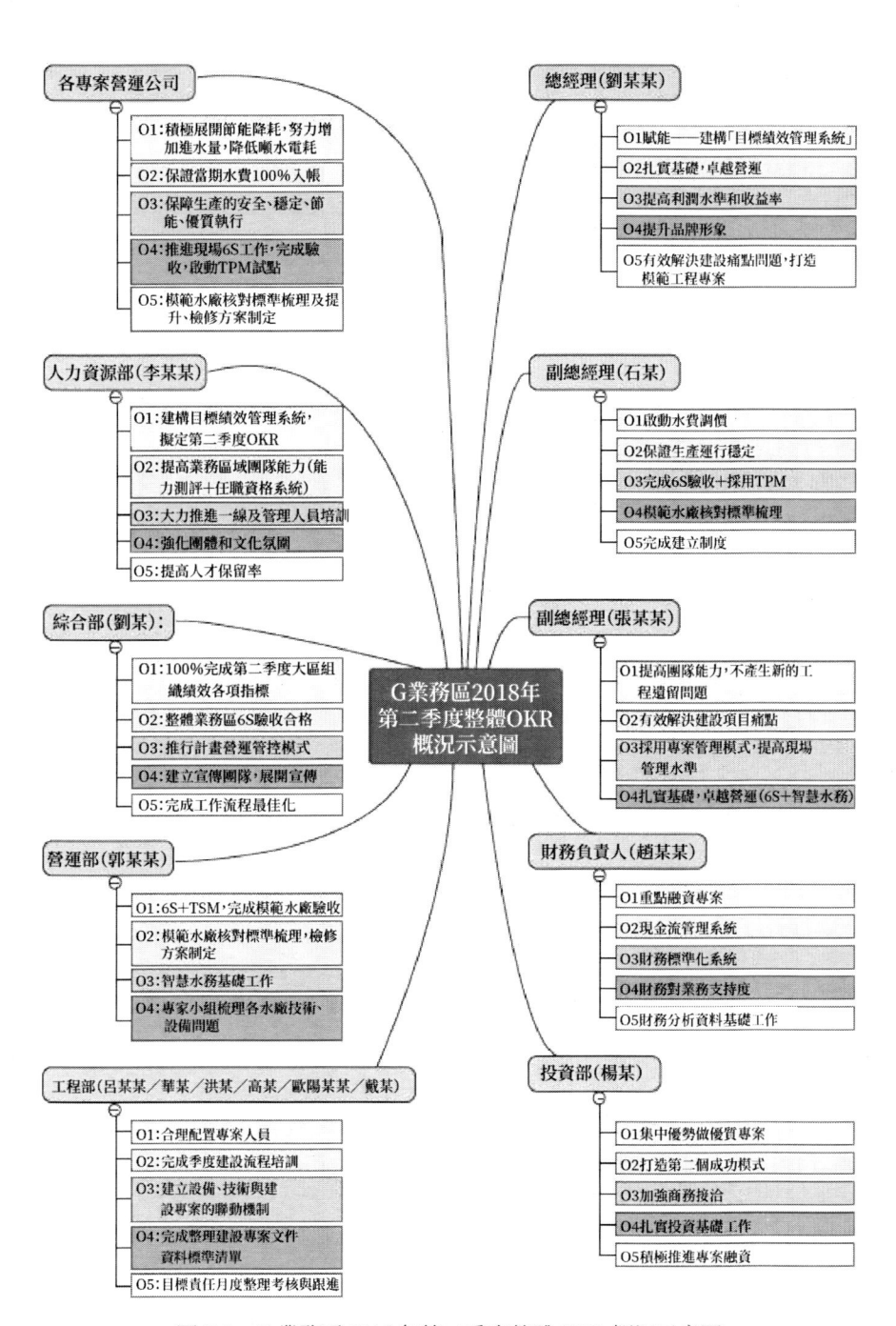

營運部(郭某某)
- O1：6S+TSM，完成模範水廠驗收
- O2：模範水廠核對標準梳理，檢修方案制定
- O3：智慧水務基礎工作
- O4：專家小組梳理各水廠技術、設備問題

財務負責人(趙某某)
- O1重點融資專案
- O2現金流管理系統
- O3財務標準化系統
- O4財務對業務支持度
- O5財務分析資料基礎工作

工程部(呂某某／華某／洪某／高某／歐陽某某／戴某)
- O1：合理配置專案人員
- O2：完成季度建設流程培訓
- O3：建立設備、技術與建設專案的聯動機制
- O4：完成整理建設專案文件資料標準清單
- O5：目標責任月度整理考核與跟進

投資部(楊某)
- O1集中優勢做優質專案
- O2打造第二個成功模式
- O3加強商務接洽
- O4扎實投資基礎工作
- O5積極推進專案融資

圖 7-6　G 業務區 2018 年第二季度整體 OKR 概況示意圖

7.5　OKR 執行

1. 高階主管的 OKR

(1) 表 7-1 為副總經理石某的 OKR。

表 7-1　副總經理石某的 OKR

目標分解		目標及關鍵成果內容描述	完成標準（可量化/可評價）	時間節點	
			石某　　　副總經理	開始	完成
目標一（O1）		積極展開節能降耗，努力增加進水量，降低噸水電耗			
1.1	關鍵成果 KR1	每天增加水量 8,000 噸	運行班每班組統計當班進水量；瞬時流量低於 2200m3／h 時及時彙報，生產安排進水管網排查	4月1日	6月30日
1.2	關鍵成果 KR2	6月風機改造達成每天平均節約用電 400 度	5月制定改造方案及報核，5月底前完成濾池風機改造，6月進行改造前後電量對比	4月1日	6月30日
1.3	關鍵成果 KR3	6月20日前完成自控整合，6月21日起達成每天平均節約用電 200 度	5月底前擬定自控整合修改內容，6月20日前完成系統整合並偵錯運行	5月1日	6月30日

7.5 OKR 執行

		石某	副總經理	
目標分解	目標及關鍵成果內容描述	完成標準（可量化／可評價）	時間節點	
			開始	完成
目標二 (O2)	提標工程全面完工			
2.1	關鍵成果 KR1	5月25日前完成除臭系統安裝，完成提標改造的環保驗收	環保驗收條件：系統安裝完成，系統正常運行	5月1日	5月25日
2.2	關鍵成果 KR2	6月20日前完成綠化工程	5月底前完成第三方綠化單位報核及合約簽訂，6月20日前完成綠化及工程現場驗收	5月1日	6月20日
目標三 (O3)	完成 6S 模範水廠驗收			
3.1	關鍵成果 KR1	6月20日前完成 6S 所有基礎工作	標準化告示、整治單、評比表、6S 檢查指導手冊	5月1日	6月20日
3.2	關鍵成果 KR2	展開 6S 現場檢查與考評，6S 合理化建議，最佳化提案評選	全員 6S 素養初步形成，並有持續改進意願，無灰塵、無垃圾、定置化、區域定位意識、有改善的明顯變化	5月1日	5月31日
3.3	關鍵成果 KR3	6月25日前完成 6S 管理系統檔案	完成 6S 管理系統檔案	5月1日	6月30日

目標分解	目標及關鍵成果內容描述	石某 完成標準（可量化／可評價）	副總經理 時間節點	
			開始	完成
3.4	關鍵成果 KR4	6月底完成模範水廠驗收	6月底完成模範水廠驗收	5月1日	6月30日
目標四（O4）	完成模範水廠核對標準梳理及提升、檢修方案制定			
4.1	關鍵成果 KR1	5月底完成水廠核對標準工作梳理，6月底完成檢修方案的實施圖表單	各地區核對標準檔案、分析報告、時間表，檢修方案實施圖表單	4月1日	5月31日
4.2	關鍵成果 KR2	完成基礎資料蒐集，完成設備資訊和現場影片上傳行動網路和業務區總控處	根據工務段及設備類別進行設備基礎資料分類統計	5月1日	6月30日

(2)副總經理張某的 OKR 如表 7-2 所示。

表 7-2　副總經理張某的 OKR

業務區	目標及關鍵成果內容描述	張某 完成標準（可量化／可評價）	副總經理 時間節點	
目標分解			開始	完成
目標一（O1）	提高團隊能力，達到獨立估價、前期工作、現場施工管理，不產生新的工程遺留問題			

7.5 OKR執行

業務區			張某	副總經理	
目標分解		目標及關鍵成果內容描述	完成標準（可量化／可評價）	時間節點	
				開始	完成
1.1	關鍵成果KR1	根據業務需求，完成所有專案人員配置	在6月底完成所有在建專案人員配置；6月10日前完成已開工建設專案人員招募工作，6月底制定出新專案人員配置方案和招募方案	4月1日	6月30日
1.2	關鍵成果KR2	建設人員能力達到專案要求，完成培訓	完成估價人員專業培訓，展開專案管理人員建管手冊培訓	4月1日	6月30日
1.3	關鍵成果KR3	建立設備、技術人員與建設人員的工作聯動機制	5月底編制出方案，確定相關人員職責，6月初啟動聯動機制，驗證方案適用性，不斷修訂	5月1日	6月30日
目標二（O2）		有效解決專案痛點問題			
2.1	關鍵成果KR1	成功消除現有痛點問題5個，重點解決特定地區專案問題	6月底消除現有痛點問題5個，特定地區問題解決率達50%	4月24日	6月30日
2.2	關鍵成果KR2	對專案前期工作由業務區統籌推進，落實專人負責，確立業務區與專案公司職責分工，專案前期工作進展有明顯成效	提出職責分工檔案資料，無新問題產生	4月1日	5月30日

231

業務區			張某	副總經理	
目標分解		目標及關鍵成果內容描述	完成標準（可量化／可評價）	時間節點	
				開始	完成
目標三(O3)		採用專案管理模式，提高現場管理水準			
3.1	關鍵成果KR1	以專案管理模式推進日常工程管理	所有專案按照專案管理模式提出工作推進時間表、路線圖等檔案，形成週報回饋機制	4月1日	6月30日
3.2	關鍵成果KR2	確立模範專案評價標準，打造1個模範專案	提出評價標準檔案資料，樹立1個模範工程示範專案	4月1日	6月30日
3.3	關鍵成果KR3	完成所有建設專案及專案負責人對專案建設管理目標責任書的梳理、階段考核及跟進落實	完成階段考核，跟進簽署新目標責任書	5月1日	6月30日
目標四(O4)		扎實基礎，卓越營運，打造模範水廠			
4.1	關鍵成果KR1	完成6S模範水廠驗收，在1至2個水廠啟動實行TPM管理系統	4個模範水廠驗收合格，1至2個廠啟動	5月1日	6月30日
4.2	關鍵成果KR2	完成模範水廠核對標準梳理及提升、檢修方案制定	提出梳理報告、提升方案	4月1日	5月30日
4.3	關鍵成果KR3	智慧水務基礎工作啟動，在1至2廠試點基礎資料蒐集、行動裝置設備管理等	完成1至2個水廠基礎資料蒐集、行動裝置設備QR管理方案	4月1日	6月30日

業務區			張某	副總經理	
目標分解		目標及關鍵成果內容描述	完成標準（可量化／可評價）	時間節點	
				開始	完成
4.4	關鍵成果KR4	專家小組梳理各水廠技術、設備問題，制定安全、穩定、最佳化運行方案	提出問題清單及最佳化方案	4月1日	5月30日
4.5	關鍵成果KR5	收費、退稅入帳率100%	入帳率100%	4月1日	6月30日

　　兩位副總經理的OKR，其中石某的O3（**完成6S模範水廠驗收**）和O4（**完成模範水廠核對標準梳理及提升、檢修方案制定**）是總經理的O2中的KR1（採用、推進6S、TPM系統）和KR3（智慧水務基礎建設初期階段），而O1（積極展開節能降耗，努力增加進水量，降低噸水電耗）和O2（提標工程全面完工）只是自身的本職工作內容。另一位副總經理張某的OKR，其O1（提高團隊能力，達到獨立估價、前期工作、現場施工管理，不產生新的工程遺留問題）是自己新增的O，O2（**有效解決專案痛點問題**）和O3（**採用專案管理模式，提高現場管理水準**），是總經理的O5的KR1（**加強建設團隊能力，理順前期手續**）和KR2（**建立支持團隊，採用專案管理模式**）內容，而O4（扎實基礎，卓越營運）則是總經理的O2。從兩位副總經理的OKR設定中可以看出，與總經理的KR有明顯的對應關係，也有自身本職工作的內容，只是在O的有野心、有挑戰這方面，顯得不足。

2. 工程部的 OKR

(1)工程部經理高某的 OKR 如表 7-3 所示。

表 7-3　工程部經理高某的 OKR

業務區	工程部	高某	經理	
目標分解	目標及關鍵成果內容描述	完成標準（可量化／可評價）	時間節點 開始	完成
目標一（O1）	地區提標工程建成通水			
1.1	關鍵成果 KR1	6月10日前二汙土建工程完成	完成二汙土建工程	4月1日	6月30日
1.2	關鍵成果 KR2	6月30日前二汙主體設備安裝完成	5月20日前完成採購招標計畫，確定採購週期；6月20日前主體設備到場；6月30日主體設備現場安裝完成	4月1日	6月30日
1.3	關鍵成果 KR3	6月10日前一汙提標部分土建工程完成	提標改造工程土建5月30日完成，設備安裝6月25日完成，6月30日通水偵錯	4月1日	6月30日
1.4	關鍵成果 KR4	6月30日前一汙主體設備安裝完成	5月20日前完成採購招標計畫，確定採購週期；6月20日前主體設備到場；6月30日主體設備現場安裝完成	4月1日	6月30日

業務區	工程部		高某	經理	
目標分解		目標及關鍵成果內容描述	完成標準（可量化／可評價）	時間節點	
				開始	完成
目標二（O2）		把地區提標工程打造成模範專案			
2.1	關鍵成果 KR1	安全生產，全週期無安全事故發生	5月末完善專案安全管理制度，制定巡檢方案，對存在隱患的100%整治完成	4月1日	6月30日
2.2	關鍵成果 KR2	全週期品質達標，單位工程合格率達到95%以上	隱蔽工程合格率100%，其他工程合格率95%	4月1日	6月30日
2.3	關鍵成果 KR3	全週期現場依規範施工	現場材料擺放整齊、建築垃圾及時外運，警戒標誌明顯、驗收及時，資料完整	4月1日	6月30日
目標三（O3）		有效解決地區專案遺留問題			
3.1	關鍵成果 KR1	5月底前完成安排協調政府召開清算會議，確定剩餘款項支付時間，6月底前爭取收回資金4,000萬元	5月底前完成安排協調政府召開清算會議，初步釐清計量工作	4月1日	5月30日
3.2	關鍵成果 KR2	6月底前完成未進入審計項目的整理工作	6月底前完成未進入審計項目的整理工作	4月1日	6月30日

第 7 章　案例：B 水務集團

(2)工程部經理洪某的 OKR 如表 7-4 所示。

表 7-4　工程部主管洪某的 OKR

業務區	工程部	洪某	經理	
目標分解	目標及關鍵成果內容描述	完成標準（可量化／可評價）	時間節點	
			開始	完成
目標一（O1）	消除地區專案痛點問題			
1.1	關鍵成果 KR1	確保不發生惡性事件	安撫合作對象	4 月 1 日	5 月 30 日
1.2	關鍵成果 KR2	完成前期施工團隊的初步結算	6 月 20 日前結算資料完整，6 月 30 日前通過業務區估價稽核	4 月 1 日	6 月 30 日
1.3	關鍵成果 KR3	完善地區專案所有工程資料	完成所有薪酬資料、簽證資料的簽名、蓋章，確保所有資料的完整性、合法性；用地規劃及建設規劃許可證；設備詢價結論報告	4 月 1 日	6 月 30 日
目標二（O2）	解決地區第一、第二汙水廠提標遺留問題			
2.1	關鍵成果 KR1	6 月底取得工程施工規劃許可證	取得工程施工規劃許可證	4 月 1 日	5 月 30 日

業務區		工程部	洪某	經理	
目標分解		目標及關鍵成果內容描述	完成標準（可量化／可評價）	時間節點	
				開始	完成
2.2	關鍵成果 KR2	推進與政府的結算工作，與政府確定送審時間	完成集團送審檔案的確認，達到政府送審條件	4月1日	6月30日
2.3	關鍵成果 KR3	6月底完成標案批覆	批覆	4月1日	5月21日
目標三（O3）		確保地區專案按期完工，滿足政府要求			
3.1	關鍵成果 KR1	兩處地區汙水廠5月30日通水	完成通水	4月1日	5月30日
3.2	關鍵成果 KR2	七處地區汙水廠6月30日前通水	完成通水	4月1日	6月30日
目標四（O4）		加快推進地區第三、第五汙水廠提標專案，確保9月30日具備通水條件			
4.1	關鍵成果 KR1	5月30日前完成施工方案、施工計畫完成	5月25日前拿到政府施工圖	5月1日	5月30日
4.2	關鍵成果 KR2	6月15日前召開專案啟動會	召開專案啟動會	5月1日	6月15日

(3)工程部主管呂某的 OKR 如表 7-5 所示。

表 7-5　工程部主管呂某的 OKR

業務區	工程部		呂某	主管時間節點	
目標分解		目標及關鍵成果內容描述	完成標準（可量化／可評價）	開始	完成
目標一（O1）		提高估價團隊能力，保證專案估價工作的正常完成			
1.1	關鍵成果 KR1	完成專案所需的估價人員配置	6月底入職1人	4月1日	6月30日
1.2	關鍵成果 KR2	安排現場估價工作培訓，考核通過率100%	6月20日前完成估價培訓及考核，通過率100%	4月30日	6月30日
目標二（O2）		有效解決專案痛點問題			
2.1	關鍵成果 KR1	6月底前完成都勻專案政府結算送審及進度時間表	1.落實對外送審建安結算資料，按政府要求準備；2.確立送審及審計完成進度時間表	5月20日	6月30日
2.2	關鍵成果 KR2	6月底前完成地區第一、第二汙水廠對外結算資料集團稽核；取得攔標價批覆意見	地區第一、第二汙水廠對外結算資料編制及收集完成，報大區及集團稽核，取得集團同意對外報送意見；5月25專案前期招標情況及送審攔標價向大區及集團彙報，6月30日前取得集團報審意見	5月25日	6月30日

業務區	工程部		呂某	主管	
目標分解		目標及關鍵成果內容描述	完成標準（可量化／可評價）	時間節點	
				開始	完成
2.3	關鍵成果 KR3	6月5日前完成地區專案投標問題總投資試算檔案	6月5日前完成總投資試算檔案，報專案經理作為對政府投標函件支持資料	5月1日	6月5日
2.4	關鍵成果 KR4	6月30日前完成地區專案結算估價稽核	結算稽核報告		6月30日
2.5	關鍵成果 KR5	6月底前完成供水三期招標預算檔案集團確認	1. 配合專案公司完成招標方案確認； 2. 完成設備及管道工程預算稽核，大區及集團確認		6月30日
目標三（O3）		**高效完成業務區目前建設工程專案估價工作**			
3.1	關鍵成果 KR1	6月20日前完成地區政府投標外材料規格確認	5月30日梳理出投標外現場的材料清單，6月20日前完成政府規格確認資料	5月15日	6月20日
3.2	關鍵成果 KR2	6月30日前地區專案攔標價具備公開招標條件	完成專案預算稽核並報大區及集團確認	5月15日	6月30日
3.3	關鍵成果 KR3	6月30日前取得地區專案大區內部結算結果檔案	6月底取得大區內部結算結果檔案	5月10日	6月30日

第 7 章　案例：B 水務集團

副總經理張某分管工程部的工作，其 O1（提高團隊能力，達到獨立估價、前期工作、現場施工管理，不產生新的工程遺留問題）分解了呂某的 O1、O3、O4，主要是工程估價工作；副總經理張某的 O2（有效解決專案痛點問題）的 KR1（成功消除現有痛點問題 5 個，重點解決地區水廠涉及的專案問題），分解到了高某的 O3、洪某的 O1、呂某的 O2，副總經理張某的 O3 的 KR2（確立模範專案評價標準，打造 1 個模範專案），則分解到了高某的 O2，副總經理張某的 O4 則分解到地區專案營運公司中。在工程部的各職位中，除了與副總經理的 KR 有相對應的 O，其他的 O 也是以工作的具體內容來設定，也是存在目標不夠具有挑戰性的問題。

3. 營運部的 OKR

（1）營運部經理郭某的 OKR 如表 7-6 所示。

表 7-6　營運部經理郭某的 OKR

業務區	營運部		郭某	經理	
目標分解	目標及關鍵成果內容描述		完成標準（可量化／可評價）	時間節點	
				開始	完成
目標一（O1）	推進現場基礎管理項目（6S + TPM），達成模範水廠驗收				
1.1	關鍵成果 KR1	5 月底完成兩個模範水廠 6S 所有基礎工作，6 月底完成驗收	5 月底完成兩個模範水廠 6S 所有基礎工作，6 月底完成驗收	4 月 1 日	5 月 30 日

業務區	營運部		郭某	經理	
				時間節點	
目標分解		目標及關鍵成果內容描述	完成標準（可量化／可評價）	開始	完成
1.2	關鍵成果 KR2	6月底完成剩餘兩個模範水廠 6S 基礎工作，7月底完成驗收，所有非模範水廠完成 6S 基礎工作	6月底完成剩餘兩個模範廠 6S 基礎工作，7月底完成驗收，所有非模範水廠完成 6S 基礎工作	4月1日	6月30日
1.3	關鍵成果 KR3	完成 6S 管理系統檔案	提出 6S 系統檔案	5月1日	6月30日
1.4	關鍵成果 KR4	制定 TPM 實行方案，在一至二個水廠啟動 TPM 管理系統	提出實行方案，完成一至二個水廠的 TPM 系統	5月1日	6月30日
目標二（O2）		保證生產安全、穩定、優質運行			
2.1	關鍵成果 KR1	一汙總磷控制在 0.9mg／L 以下，無超標	5月20日前完成技術方案（加藥、脫泥、進水濃度）、一汙脫泥機	4月1日	6月30日
2.2	關鍵成果 KR2	5月底前完成一汙、二汙環保隱患檢修	現場標識標牌	4月1日	6月30日

第 7 章　案例：B 水務集團

業務區	營運部	郭某	經理	
目標分解	目標及關鍵成果內容描述	完成標準（可量化／可評價）	時間節點	
			開始	完成
目標三 (O3)	啟動智慧水務基礎工作			
3.1	關鍵成果 KR1	在兩個水廠開始基礎資料蒐集，完成設備資訊和現場影片上傳行動網路和業務區總控處	在兩個水廠開始基礎資料蒐集，完成設備資訊和現場影片上傳行動網路和業務區總控處	4月1日	6月30日
3.2	關鍵成果 KR2	建立現場設備檔案，先期啟動兩地區廠；探索、擬定 QR 設備管理模式方案	建立現場設備檔案，先期啟動兩地區廠；探索、擬定 QR 設備管理模式方案	4月1日	6月30日
3.3	關鍵成果 KR3	爭取地區項目成為集團專家系統試點單位	爭取地區項目成為集團專家系統試點單位	4月1日	6月30日
目標四 (O4)	專家小組梳理各水廠技術、設備問題，制定安全、穩定、最佳化運行方案			
4.1	關鍵成果 KR1	5月實施地區廠應急措施執行方案，5月底確保出水達到一級 A 標	5月實施地區廠應急措施執行方案，月底確保出水達到一級 A 標	4月24日	5月30日

7.5 OKR 執行

業務區	營運部		郭某	經理	
目標分解		目標及關鍵成果內容描述	完成標準（可量化／可評價）	時間節點	
				開始	完成
4.2	關鍵成果 KR2	5月底完成地區廠高密池合理投藥量確定	5月底完成地區廠高密池合理投藥量確定	4月1日	5月30日
4.3	關鍵成果 KR3	6月中旬完成各水廠技術、設備問題梳理及安全、穩定、最佳化運行方案制定	制定計畫、工作流程、責任分工、問題清單	4月1日	6月30日

（2）營運部技術工程師王某的 OKR 如表 7-7 所示。

表 7-7 營運部技術工程師王某的 OKR

業務區	營運部		王某	技術工程師	
目標分解		目標及關鍵成果內容描述	完成標準（可量化／可評價）	時間節點	
				開始	完成
目標一（O1）		5月實施地區汙水廠應急措施執行方案，5月底確保出水達到一級 A 標			
1.1	關鍵成果 KR1	對地區汙水廠進出水水質（總氮、BOD、SCOD）進行檢測，了解進水水質情況，以便選定外加碳源的類型和計算藥劑用量	對地區汙水廠進出水水質（總氮、BOD、SCOD）進行檢測，了解進水水質情況，以便選定外加碳源的類型和計算藥劑用量	4月1日	5月15日

第 7 章　案例：B 水務集團

業務區	營運部	王某	技術工程師	
目標分解	目標及關鍵成果內容描述	完成標準（可量化／可評價）	時間節點	
			開始	完成
1.2 關鍵成果 KR2	收集地區汙水廠生化池設計參數如尺寸、池型、運行工藝參數等；以確保大腸桿菌、SS 達標，確定後續處理技術	收集地區汙水廠生化池設計參數如尺寸、池型、運行工藝參數等；以確保大腸桿菌、SS 達標，確定後續處理技術	4月1日	5月15日
1.3 關鍵成果 KR3	展開除磷小試，生產性中試；脫氮展開生產性實驗，確定實際投藥量；新增後續處理單位偵錯執行，月底確保各項指標達標	展開除磷小試，生產性中試；脫氮展開生產性實驗，確定實際投藥量；新增後續處理單位偵錯執行，月底確保各項指標達標	5月15日	5月31日
目標二（O2）	5月底完成地區汙水廠高密池合理投藥量確定			
2.1 關鍵成果 KR1	收集地區汙水廠高密沉澱池現運行參數（PAC、PAM 加藥量，迴流汙泥量，剩餘汙泥排放等）；展開混凝實驗，確定 PAC、PAM 理論投藥量	收集地區汙水廠高密沉澱池現運行參數（PAC、PAM 加藥量，迴流汙泥量，剩餘汙泥排放等）；展開混凝實驗，確定 PAC、PAM 理論投藥量	4月1日	5月31日
2.2 關鍵成果 KR2	根據混凝實驗結果展開生產性實驗，調整加藥量，保證出水達標	根據混凝實驗結果展開生產性實驗，調整加藥量，保證出水達標	4月1日	5月31日

業務區	營運部	王某	技術工程師	
目標分解	目標及關鍵成果內容描述	完成標準（可量化／可評價）	時間節點	
			開始	完成
目標三（O3）	6月中旬完成各水廠技術、設備問題梳理及安全、穩定、最佳化運行方案制定			
3.1 關鍵成果KR1	5月底開始對各專案進行徹底調查，收集各工務段設備、運行參數；了解技術、設備存在的問題	5月底開始對各專案進行徹底調查，收集各工務段設備、運行參數；了解技術、設備存在的問題	4月1日	5月31日
3.2 關鍵成果KR2	整理調查結果，梳理存在的問題，各部門提出針對性整治意見，最終形成問題清單、整治最佳化方案	整理調查結果，梳理存在的問題，各部門提出針對性整治意見，最終形成問題清單、整治最佳化方案	4月23日	6月30日
3.3 關鍵成果KR3	根據問題清單、整治最佳化方案具體落實相關事宜	根據問題清單、整治最佳化方案具體落實相關事宜	4月23日	6月30日

營運部經理郭某的O1、O3就是總經理O2的KR1（導入、推進6S、TPM系統）和KR3（智慧水務基礎建設初期階段），營運部經理郭某的O2、O4則是加強專案管理，提高管理標準化水準。營運部工程師王某的O1、O2、O3則是完全分解了郭某O4的三個KR，形成了完整的連結。

4. 投資部的 OKR

(1)投資部經理楊某的 OKR 如表 7-8 所示。

表 7-8　投資部經理楊某的 OKR

業務區 目標分解		投資部 目標及關鍵成果內容描述	楊某 完成標準（可量化／可評價）	經理 時間節點	
				開始	完成
目標一 （O1）		集中優勢做優質專案			
1.1	關鍵成果 KR1	密集跟進有基礎的傳統水務項目	A 類專案	4月1日	6月30日
1.2	關鍵成果 KR2	報酬率不低於 9%	簽約專案內部報酬率不低於 9%	4月1日	6月30日
1.3	關鍵成果 KR3	政府績效考核，收費時間節點有利	績效考核在合約中按集團標準約定，收費節點不超過季度	4月1日	6月30日
1.4	關鍵成果 KR4	完成現有專案投資評審合約簽訂工作	六處地區汙水廠專案	5月1日	5月31日
目標二 （O2）		集中地區優勢，打造第二個成功模式			
2.1	關鍵成果 KR1	制定整體策劃方案，獲得集團支持	通過集團審核	4月1日	6月30日
2.2	關鍵成果 KR2	與營運緊密合作，存量專案打造亮點	選擇一個專案作為模範廠打造	4月1日	6月30日

業務區		投資部	楊某	經理	
目標分解		目標及關鍵成果內容描述	完成標準（可量化／可評價）	時間節點	
				開始	完成
2.3	關鍵成果 KR3	促成集團領導者與市政府的交流	與市政府主要長官會面	5月1日	6月30日
2.4	關鍵成果 KR4	推進地區新專案，提標改造專案的進程	按照合約時間節點要求完成建設工期	4月1日	6月30日
目標三（O3）		**加強商務接洽，提高層級、頻率、黏著度**			
3.1	關鍵成果 KR1	達成與地方官員接洽	有一次會面	5月1日	6月30日
3.2	關鍵成果 KR2	達成與市政府官員接洽	有一次會面	5月1日	6月30日
3.3	關鍵成果 KR3	與已合作地方政府及潛在目標市場接洽次數不少於10次	拜訪相關部門10次	4月1日	6月30日
目標四（O4）		**投資團隊能力提高，扎實投資基礎工作**			
4.1	關鍵成果 KR1	啟動編制三圖一庫投資規劃工作	形成一庫初稿	4月1日	6月30日
4.2	關鍵成果 KR2	完善相關合約，模板試算檔案	形成合約試算範本	4月1日	6月30日
4.3	關鍵成果 KR3	投資相關知識培訓	培訓次數不少於2次	5月1日	6月30日

第 7 章 案例：B 水務集團

業務區	投資部		楊某	經理	
目標分解	目標及關鍵成果內容描述		完成標準（可量化／可評價）	時間節點	
				開始	完成
目標五(O5)	積極推進專案融資				
5.1	關鍵成果KR1	制定投資專案融資方案	三個專案融資方案	5月1日	6月30日
5.2	關鍵成果KR2	獲得地區分公司融資授信審核	審核通過	5月1日	6月30日
5.3	關鍵成果KR3	啟動多個地區專案融資工作	確定合作意向銀行	5月1日	6月30日

(2) 投資部試算主管楊某的 OKR 如表 7-9 所示。

表 7-9　投資部試算主管楊某的 OKR

業務區	投資部		楊某	試算主管	
目標分解	目標及關鍵成果內容描述		完成標準（可量化／可評價）	時間節點	
				開始	完成
目標一(O1)	密集跟進有基礎的傳統水務專案				
1.1	關鍵成果KR1	完成地區汙水專案評審、合約簽訂工作	完成專案評審，簽訂專案合約	4月1日	6月30日
1.2	關鍵成果KR2	完善地區中水回用專案前期手續	完成專案立項，通過大區預評審	5月10日	6月30日
1.3	關鍵成果KR3	提交地區專案合作方案，確立專案合作關係	專案確定是否進行合作，如合作完成專案立項	5月10日	6月30日

7.5 OKR 執行

業務區 目標分解		投資部 目標及關鍵成果內容描述	楊某 完成標準（可量化／可評價）	試算主管 時間節點	
				開始	完成
1.4	關鍵成果 KR4	跟進地區汙水及供排水一體化專案進展情況	確定合作方式，完成專案立項	4月1日	6月30日
目標二 (O2)		報酬率不低於 9%			
2.1	關鍵成果 KR1	完成地區汙水專案，內部報酬率不低於 9%	報酬率不低於 9%	5月1日	6月30日
2.2	關鍵成果 KR2	完成地區中水回用專案投資邊界條件設計	確立試算邊界，集團完成可研究稽核	5月1日	6月30日
2.3	關鍵成果 KR3	進行地區專案合作方案設計、植入核心邊界條件	完成集團可研究稽核	5月10日	6月30日
2.4	關鍵成果 KR4	地區汙水及供排水一體化專案前期工作植入核心邊界條件，達成內部報酬率不低於 9%	完成集團可研究稽核	4月1日	6月30日
目標三 (O3)		達成與政府官員接洽			
3.1	關鍵成果 KR1	編制完成高層接洽合作方案	編寫合作方案，遞交拜訪函	4月1日	6月30日
3.2	關鍵成果 KR2	預約確定高層接洽時間，達成高層接洽	達成高層接洽	5月1日	6月30日
目標四 (O4)		與已合作地方政府及潛在目標市場接洽次數不少於 5 次			
4.1	關鍵成果 KR1	與地方政府接洽汙水處理廠新建、提標專案	達成與主管部門主要領導者進行專案接洽 2 次	5月1日	6月30日

業務區	投資部		楊某	試算主管	
目標分解		目標及關鍵成果內容描述	完成標準（可量化／可評價）	時間節點	
				開始	完成
4.2	關鍵成果KR2	地方政府接洽、中水回用、供排水一體化、農村汙水專案	達成與主管部門主要領導者進行專案接洽2次	5月1日	6月30日

(3)投資部主管董某的 OKR 如表 7-10 所示。

表 7-10　投資部主管董某的 OKR

業務區	投資部		董某	主管	
目標分解		目標及關鍵成果內容描述	完成標準（可量化／可評價）	時間節點	
				開始	完成
目標一(O1)		集中優勢做優質專案			
1.1	關鍵成果KR1	密集跟進有前期接觸的傳統水務專案	跟進地區提標專案，形成投資試算及投資分析報告	4月1日	6月30日
1.2	關鍵成果KR2	報酬率不低於9%	提標及新建專案至少有一個專案綜合報酬率達到9%	4月1日	6月30日
1.3	關鍵成果KR3	政府績效考核、收費時間節點有利	地區專案績效考核在合約中按集團標準約定，收費節點不超過季度	4月1日	6月30日
1.4	關鍵成果KR4	完成現有專案投資評審、合約簽訂工作	地區汙水廠提標專案	5月1日	6月30日
目標二(O2)		加強商務接洽，提高層次、頻率、黏著度			
2.1	關鍵成果KR1	與已合作地方政府接洽	走訪地方政府主管部門合計不少於兩次	4月1日	6月30日

業務區		投資部	董某	主管	
目標分解		目標及關鍵成果內容描述	完成標準（可量化／可評價）	時間節點	
				開始	完成
2.2	關鍵成果 KR2	接洽曾經協商目標的市場	接洽某地區合計不少於1次	4月1日	6月30日
2.3	關鍵成果 KR3	接洽潛在目標市場	走訪某地區合計不少於1次	5月1日	6月30日
目標三 (O3)		啟動編制「三圖一庫」投資規劃工作			
3.1	關鍵成果 KR1	提供成本庫資料	提供三處地區專案技術中心成本檔案	5月1日	6月30日
3.2	關鍵成果 KR2	提供投資地圖資料	提供地區水務市場情況	5月1日	6月30日
3.3	關鍵成果 KR3	提供財政資料	提供三處地區最近三年財政情況	4月1日	6月30日
目標四 (O4)		完善相關合約模板、試算模板檔案			
4.1	關鍵成果 KR1	提供投資試算檔案	提供三處地區專案試算表	4月1日	6月30日
4.2	關鍵成果 KR2	提供合約模板檔案	提供三處地區專案合約	4月1日	6月30日
4.3	關鍵成果 KR3	提供績效模板檔案	提供績效考核模板檔案	5月1日	6月30日
目標五 (O5)		積極推進專案融資			
5.1	關鍵成果 KR1	制定投資專案融資方案	完成兩個專案融資方案	5月1日	6月30日
5.2	關鍵成果 KR2	推動存量專案融資工作	完成存量專案融資資料報送	5月1日	6月30日

第 7 章　案例：B 水務集團

業務區	投資部		董某	主管	
目標分解		目標及關鍵成果內容描述	完成標準（可量化／可評價）	時間節點	
				開始	完成
5.3	關鍵成果 KR3	啟動地區三期專案融資工作	確定合作意向銀行	5月1日	6月30日

(4) 投資部投融資主管楊某的 OKR 如表 7-11 所示。

表 7-11　投資部投融資主管楊某的 OKR

業務區	投資部		楊某	投融資主管	
目標分解		目標及關鍵成果內容描述	完成標準（可量化／可評價）	時間節點	
				開始	完成
目標一 (O1)		積極推進專案融資			
1.1	關鍵成果 KR1	制定投資專案融資方案	1個專案融資方案	5月10日	6月30日
1.2	關鍵成果 KR2	獲得地區專案融資授信審核	審核通過	5月10日	6月30日
1.3	關鍵成果 KR3	啟動地區專案融資工作	確定合作意向銀行	5月10日	6月30日
目標二 (O2)		積極完成各項報表			
2.1	關鍵成果 KR1	每週專案資訊、每月資金計畫報送	溝通接洽各區域投資經理專案資訊及每月資金計畫，及時更新並報送	5月10日	6月30日
2.2	關鍵成果 KR2	臨時性報表報送	積極溝通相關部門及人員按要求、按規定時間報送	5月10日	6月30日
目標三 (O3)		積極配合做好綜合工作			
3.1	關鍵成果 KR1	編制「三圖一庫」	形成「一庫」初稿	5月10日	6月30日

業務區	投資部	楊某	投融資主管	
目標分解		目標及關鍵成果內容描述	完成標準（可量化／可評價）	時間節點	
				開始	完成
3.2	關鍵成果 KR2	積極做好後臺支援工作	新增專案資訊儲備、資訊互動工作	5月10日	6月30日

（5）投資部法務高某的 OKR 如表 7-12 所示。

表 7-12　投資部法務高某的 OKR

業務區		投資部	高某	法務	
目標分解		目標及關鍵成果內容描述	完成標準（可量化／可評價）	時間節點	
				開始	完成
目標一（O1)		投資相關知識培訓			
1.1	關鍵成果 KR1	配合營運完成水汙染知識培訓及試題庫	培訓及試題庫 100 道題	4月1日	6月30日
目標二（O2)		完善相關合約模板			
2.1	關鍵成果 KR1	完善專案公司日常經營類合約	完成安保服務合約等 8 個合約	4月1日	6月30日
2.2	關鍵成果 KR2	完善 TOT 合約及補充協議	完成 TOT 合約及 2 個補充協議	4月1日	6月30日
目標三（O3)		密集跟進有基礎的傳統水務專案			
3.1	關鍵成果 KR1	跟進 A 地區專案合約	完成合約談判與接洽，預計完成合約簽訂	5月1日	6月30日
3.2	關鍵成果 KR2	跟進 B 地區專案合約	完成合約談判與接洽，預計完成合約簽訂	5月1日	6月30日
3.3	關鍵成果 KR3	跟進地區汙水廠補充協議	完成合約談判與接洽，預計完成合約簽訂	4月1日	6月30日
目標四（O4)		整合水務相關法律法規及檔案			

第 7 章 案例：B 水務集團

業務區 目標分解	投資部 目標及關鍵成果內容描述	高某 完成標準（可量化／可評價）	法務 時間節點 開始	完成
4.1	關鍵成果 KR1	整合環保相關檔案		4月1日	6月30日
4.2	關鍵成果 KR2	整合 PPP 專案合約指南相關檔案	PPP 專案合約指南，指導檔案	4月1日	6月30日

　　投資部經理楊某的 O2（集中地區優勢，打造第二個成功模式）和 O3（加強商務接洽，提高層次、頻率、黏著度）源自於總經理 O4 的 KR2、KR3，而投資部經理楊某的 O1、O4、O5 則來自於楊某自己的想法。投資部主管董某的 O1、O2 完全承接了投資部經理楊某的 O1、O3，主管董某的 O3（啟動編制「三圖一庫」投資規劃工作），則是經理楊某的 O4 的 KR1，主管董某的 O4（完善相關合約模板、試算模板檔案），則是經理楊某的 O4 的 KR2，主管董某的 O5 也是承擔了經理楊某的 O5，只是融資專案是地區三期。投資部法務高某的 O1、O3、O4 都是自己提出的，O2（完善相關合約模板）則是投資部經理楊某的 O4 的 KR2（完善相關合約模板、試算模板檔案）。投資部試算主管楊某的 O2（報酬率不低於 9%），是投資部經理楊某的 O1 的 KR2，試算主管楊某的 O3（達成與地方政府高層接洽），是經理楊某的 O3 的 KR2，試算主管楊某的 O5（形成試算模板及參加相關培訓），是經理楊某的 O4 的 KR2，O1、O4 則是試算主管楊某自己提出的想法。投融資主管楊某的 O1（積極推進專案融資），是承接了經理楊某的 O5，另外兩個 O 是自身職位提出的。從整體上來看，OKR 內部的傳遞是很清楚的，經理承接了總經理的 KR，其他人承接了經理的 KR 或 O 的全部，不太理想的地方是經理以下職位的 OKR 制定還是比較基礎，事務性的工作較多。

5. A 地區分公司的 OKR

（1）A 地區分公司總經理胡某的 OKR 如表 7-13 所示。

表 7-13　A 地區分公司總經理胡某的 OKR

A 地區分公司	公司主管	胡某	總經理	
目標分解	目標及關鍵成果內容描述	完成標準（可量化／可評價）	時間節點	
			開始	完成
目標一（O1）	完成水費調價			
1.1	關鍵成果 KR1	6月底取得政府准予上調水價的批核檔案	4月30日前完成調價方案（含調價申請函）	5月10日	6月30日
1.2	關鍵成果 KR2	批核水價達到預期	5月5日報送調價方案，5月30日前拿到成本監審結果	5月5日	6月15日
1.3	關鍵成果 KR3	水費執行時間達到預期（6月1日）	6月30日前，拿到地方供水公司准予上調水價的覆函	6月1日	6月30日
目標二（O2）	生產運行穩定，安全優質供水			
2.1	關鍵成果 KR1	制定生產技術（生產廢水回用）調整方案及完成實務操作培訓，無水質超標情況發生	4月底前提出方案，持續最佳化方案，同步完成培訓，員工達成熟練操作；主要指標控制標準：錳（臨界指標 0.1mg／L）＜0.05mg／L，色度（臨界指標 15 度）＜5 度，濁度（臨界指標 1NTU）＜0.5NTU；安全穩定生產 91 天	4月20日	6月30日

第 7 章　案例：B 水務集團

A 地區分公司 目標分解	公司主管 目標及關鍵成果內容描述	胡某 完成標準（可量化／可評價）	總經理 時間節點 開始	完成
2.2	關鍵成果 KR2	無設備原因影響生產穩定、安全、優質運行情況發生	6月中旬完成空壓機重置，空壓機重置前確定應急方案流程；達到 A 類生產設備一用一備（設備臺帳可查）；保持脫泥系統正常運行狀態，滿足生產脫泥需求；完成本年度設備防腐工作	4月1日	6月30日
目標三（O3）		完成 6S 模範水廠驗收，啟動 TPM 系統工作			
3.1	關鍵成果 KR1	5月底前完成 6S 所有基礎工作	標準化告示、整治單、評比表、6S 檢查指導手冊	4月1日	5月25日
3.2	關鍵成果 KR2	展開 6S 現場檢查與考評，6S 合理化建議，改良提案評選	全員 6S 素養初步形成，並有持續改進意願，無灰塵、無垃圾、定置化、區域定位意識、有改善的明顯變化	4月28日	6月1日
3.3	關鍵成果 KR3	6月中旬完成模範水廠驗收	6月中旬完成模範水廠驗收	5月28日	6月15日
3.4	關鍵成果 KR4	完成 6S 管理系統檔案	完成 6S 管理系統檔案	5月1日	6月1日

（2）A 地區分公司總經理助理胡某的 OKR 如表 7-14 所示。

表 7-14　A 地區分公司總經理助理胡某的 OKR

A 地區分公司 目標分解		目標及關鍵成果內容描述	胡某 完成標準（可量化／可評價）	總經理助理 時間節點 開始	完成
目標一（O1）		完成 6S 模範水廠驗收			
1.1	關鍵成果 KR1	5 月底前完成 6S 所有基礎工作	5 月上旬完成辦公室 6S 基礎工作，5 月底完成工廠、庫房、廠區 6S 基礎工作，標準化告示、整治單、評比表、6S 檢查指導手冊	4 月 1 日	5 月 25 日
1.2	關鍵成果 KR2	展開 6S 現場檢查與考評，6S 合理化建議，最佳化提案評選	全員 6S 素養初步形成，並有持續改進意願，無灰塵、無垃圾、定置化、區域定位意識、有改善的明顯變化	4 月 28 日	5 月 28 日
1.3	關鍵成果 KR3	6 月中旬完成模範水廠驗收	5 月底完成 6S 所有基礎工作，6 月中旬完成驗收	5 月 28 日	6 月 12 日
1.4	關鍵成果 KR4	完成 6S 管理系統檔案	6 月底完成青山水廠 6S 標準系統檔案	5 月 1 日	6 月 25 日
目標二（O2）		完成水費調價			
2.1	關鍵成果 KR1	接洽第三方審計機構，按時拿到審計報告	6 月 10 日前拿到審計報告	5 月 12 日	6 月 1 日
2.2	關鍵成果 KR2	取得政府准予上調水價的批核檔案	6 月底取得批核檔案	5 月 20 日	6 月 30 日
目標三（O3）		完成模範水廠核對標準梳理及提升、檢修方案制定			
3.1	關鍵成果 KR1	5 月底完成水廠核對標準工作梳理	各地區核對標準檔案、分析報告、時間表	4 月 1 日	5 月 30 日

A地區分公司		胡某	總經理助理	
目標分解	目標及關鍵成果內容描述	完成標準（可量化／可評價）	時間節點	
			開始	完成
3.2	關鍵成果 KR2	6月底完成檢修方案的實施圖表單	檢修方案實施圖表單	4月1日	5月21日

（3）A地區分公司綜合部經理楊某的OKR如表7-15所示。

表7-15 A地區分公司綜合部經理楊某的OKR

A地區分公司		綜合部	楊某	經理	
目標分解		目標及關鍵成果內容描述	完成標準（可量化／可評價）	時間節點	
				開始	完成
目標一（O1）		完成6S模範水廠驗收			
1.1	關鍵成果 KR1	5月底前完成設備、安全、綜合相關6S所有基礎工作	5月底前完成設備、安全、綜合相關6S所有基礎工作	4月1日	5月20日
1.2	關鍵成果 KR2	展開設備、安全6S相關現場檢查與考評，6S合理化建議，最佳化提案評選	全員6S素養初步形成，並有持續改進意願，無灰塵、無垃圾、定置化、區域定位意識、有改善的明顯變化	4月28日	5月28日
1.3	關鍵成果 KR3	6月中旬完成模範水廠設備、安全6S相關驗收	5月底完成設備、安全6S相關所有基礎工作，6月中旬完成驗收	5月28日	6月10日
1.4	關鍵成果 KR4	完成設備、安全6S相關管理系統檔案	6月底完成地區水廠設備、安全6S相關標準系統檔案	5月1日	6月22日

A地區分公司 目標分解		目標及關鍵成果內容描述	完成標準（可量化／可評價）	時間節點 開始	完成
目標二（O2）		建立宣傳團隊，展開宣傳活動，提升公司品牌形象			
2.1	關鍵成果 KR1	宣傳A地區分公司投稿稿件一篇	接洽老師完成培訓、梳理清單、設備檢查表	4月1日	6月30日
目標三（O3）		完成模範水廠核對標準梳理及提升、檢修方案制定			
3.1	關鍵成果 KR1	安全、行政、人事管理相關各地區核對標準檔案	安全、行政、人事管理相關各地區核對標準檔案整理	4月1日	6月30日
3.2	關鍵成果 KR2	安全、行政、人事管理相關檢討方案整理	安全、行政、人事管理相關檢討方案整理	4月1日	6月30日
目標四（O4）		建構目標績效管理運行系統			
4.1	關鍵成果 KR1	結合業務區績效管理辦法，制定公司績效管理制度	結合本公司實際情況，制定公司績效管理辦法	4月1日	6月30日
目標五（O5）		完成水費調價			
5.1	關鍵成果 KR1	協助完成水費調價資料		5月10日	6月30日

第 7 章　案例：B 水務集團

（4）A 地區分公司設備經理葉某的 OKR 如表 7-16 所示。

表 7-16　A 地區分公司設備經理葉某的 OKR

A 地區分公司		目標及關鍵成果內容描述	葉某	設備經理	
目標分解			完成標準（可量化/可評價）	時間節點	
				開始	完成
目標一（O1）		完成 6S 模範水廠驗收			
1.1	關鍵成果 KR1	5 月底前完成設備、安全相關 6S 所有基礎工作		4 月 1 日	5 月 28 日
1.2	關鍵成果 KR2	展開設備、安全 6S 相關現場檢查與考評，6S 合理化建議，最佳化提案評選	全員 6S 素養初步形成，並有持續改進意願，無灰塵、無垃圾、定置化、區域定位意識、有改善的明顯變化	4 月 28 日	6 月 1 日
1.3	關鍵成果 KR3	6 月中旬完成模範水廠設備、安全 6S 相關驗收	5 月底完成設備、安全 6S 相關所有基礎工作，6 月中旬完成驗收	5 月 28 日	6 月 12 日
1.4	關鍵成果 KR4	完成設備、安全 6S 相關管理系統檔案	6 月底完成地區水廠設備、安全 6S 相關標準系統檔案	5 月 1 日	6 月 25 日
目標二（O2）		啟動 TPM 系統工作			
2.1	關鍵成果 KR1	啟動 TPM 前期準備工作	接洽老師完成培訓、梳理清單、設備檢查表	5 月 1 日	6 月 30 日
目標三（O3）		生產運行穩定，安全優質供水			

A地區分公司		目標及關鍵成果內容描述	葉某	設備經理	
目標分解			完成標準（可量化／可評價）	時間節點	
				開始	完成
3.1	關鍵成果KR1	無設備原因影響生產穩定、安全、優質運行情況發生	6月中旬完成空壓機重置，空壓機重置前確定應急方案流程；達到A類生產設備一用一備（設備臺帳可查）；保持脫泥系統正常運行狀態，滿足生產脫泥需求	4月1日	6月30日
目標四（O4）		完成模範水廠核對標準梳理及提升、檢討方案制定			
4.1	關鍵成果KR1	5月底完成水廠設備、安全相關核對標準工作梳理	設備、安全相關各地區核對標準檔案、分析報告、時間表	4月1日	5月25日
4.2	關鍵成果KR2	6月底完成設備、安全相關檢修方案的實施圖表單	設備、安全相關檢修方案實施圖表單	4月1日	5月21日

（5）A地區分公司生產部經理張某的OKR如表7-17所示。

表7-17　A地區分公司生產部經理張某的OKR

A地區分公司		生產部	張某	生產部經理	
目標分解		目標及關鍵成果內容描述	完成標準（可量化／可評價）	時間節點	
				開始	完成
目標一（O1）		完成6S模範水廠驗收			
1.1	關鍵成果KR1	5月底前完成設備、安全相關6S所有基礎工作		4月1日	5月28日

第 7 章　案例：B 水務集團

A 地區分公司		生產部	張某	生產部經理	
目標分解		目標及關鍵成果內容描述	完成標準（可量化／可評價）	時間節點	
				開始	完成
1.2	關鍵成果 KR2	展開設備、安全 6S 相關現場檢查與考評，6S 合理化建議，改良提案評選	全員 6S 素養初步形成，並有持續改進意願，無灰塵、無垃圾、定置化、區域定位意識、有改善的明顯變化	4 月 28 日	6 月 1 日
1.3	關鍵成果 KR3	6 月中旬完成模範水廠設備、安全 6S 相關驗收	5 月底完成設備、安全 6S 相關所有基礎工作，6 月中旬完成驗收	5 月 5 日	5 月 30 日
1.4	關鍵成果 KR4	完成設備、安全 6S 相關管理系統檔案	6 月底完成地區水廠設備、安全 6S 相關標準系統檔案	5 月 1 日	5 月 25 日
目標二（O2）		啟動 TPM 系統工作			
2.1	關鍵成果 KR1	啟動 TPM 前期準備工作	接洽老師完成培訓、梳理清單、設備檢查表	5 月 1 日	6 月 30 日
目標三（O3）		生產運行穩定，安全優質供水			
3.1	關鍵成果 KR1	無設備原因影響生產穩定、安全、優質運行情況發生	6 月中旬完成空壓機重置，空壓機重置前確定應急方案流程；達到 A 類生產設備一用一備（設備臺帳可查）；保持脫泥系統正常運行狀態，滿足生產脫泥需求；完成本年度設備防腐工作	4 月 1 日	6 月 30 日
目標四（O4）		完成模範水廠核對標準梳理及提升、檢修方案制定			
4.1	關鍵成果 KR1	5 月底完成水廠設備、安全相關核對標準工作梳理	設備、安全相關各地區核對標準檔案、分析報告、時間表	4 月 1 日	5 月 25 日

A地區分公司	生產部	張某	生產部經理	
目標分解	目標及關鍵成果內容描述	完成標準（可量化／可評價）	時間節點	
			開始	完成
4.2 關鍵成果KR2	6月底完成設備、安全相關檢修方案的實施圖表單	設備、安全相關檢修方案實施圖表單	4月1日	5月21日

專案營運公司A地區分公司總經理胡某的O1、O2是根據專案營運公司工作內容，自己提出的，水費調價，關係到利潤指標，一定要合力達成；其O3（完成6S模範水廠驗收，啟動TPM系統工作）源自於總經理劉某的O2的KR1；其O4（完成模範水廠核對標準梳理及提升、檢修方案制定），則來自副總經理張某的O4的KR2。總經理助理胡某的OKR，O1、O2、O3全部來自A地區分公司總經理的O，沒有提出自己的O。A地區分公司綜合部經理楊某的OKR，O1、O3、O5源自於總經理助理的O1、O2、O3；其O2（建立宣傳團隊，展開宣傳活動，提升公司品牌形象）則是自己提出的O；其O4（建構目標績效管理運行系統），是來源於總經理劉某的O1，說明整體的目標貫穿性良好。A地區分公司設備經理葉某的OKR，O1、O2、O3、O4，全部來自於胡某的O1、O3，缺乏自己提出的O。A地區分公司生產部經理張某的O1、O2、O3、O4與設備經理葉某都是一致的。說明整體而言，A地區分公司的OKR設定有太多雷同，沒有創新。

6.B 地區分公司的 OKR

（1）B 地區分公司總經理李某的 OKR 如表 7-18 所示。

表 7-18　B 地區分公司總經理李某的 OKR

B 地區分公司			李某	總經理	
目標分解		目標及關鍵成果內容描述	完成標準（可量化／可評價）	時間節點	
				開始	完成
目標一（O1）		達成上半年水費入帳			
1.1	關鍵成果 KR1	6月底保證當期水費、退稅全額入帳	水費、退稅全額入帳	4月1日	6月30日
1.2	關鍵成果 KR2	二期歷史欠費回收 2,800 萬元	歷史欠費入帳	5月1日	6月30日
目標二（O2）		保障生產的安全、穩定、節能、優質運行			
2.1	關鍵成果 KR1	6月底乾化中心正常運行	乾化中心正常運行，6月30日完成乾化中心設備效能測試	4月10日	4月30日
2.2	關鍵成果 KR2	第二季度汙泥濃度在節能降耗的前提下逐漸下降，無影響水質達標情況發生	編制經濟試算分析檔案，汙泥濃度標準：＜ 3500mg／L	4月25日	6月1日
2.3	關鍵成果 KR3	保證出水總磷達標的經濟藥耗控制	經濟藥耗控制標準：PAC 投加量控制：＜ 20mg／L，PAM 控制：0.6mg／L，出水達標總磷標準：＜ 0.5	4月1日	6月30日
目標三（O3）		推進現場 6S 工作，完成驗收			

B 地區分公司		目標及關鍵成果內容描述	李某	總經理	
目標分解			完成標準（可量化/可評價）	時間節點	
				開始	完成
3.1	關鍵成果 KR1	5月底前完成本廠模範區設定及基礎工作完成，6月底完成對模範區驗收，7月底完成整體驗收	模範區設定、標準化告示、整治單、評比表、6S檢查指導手冊	4月1日	6月30日
3.2	關鍵成果 KR2	展開6S現場檢查與考評，6S合理化建議，最佳化提案評選	全員6S素養初步形成，並有持續改進意願，無灰塵、無垃圾、定置化、區域定位意識、有改善的明顯變化	4月1日	6月30日
3.3	關鍵成果 KR3	完成6S管理系統檔案1.0版	有成果檔案	4月1日	6月30日
目標四（O4）		完成審計問題整治			
4.1	關鍵成果 KR1	落實建設整治問題22項	編制整治計畫、整治方案、事項數22項	4月20日	6月30日
4.2	關鍵成果 KR2	落實營運整治問題14項	編制整治計畫、整治方案、事項數14項	4月20日	6月30日

（2）B地區分公司企管部經理鄧某的OKR如表7-19所示。

表7-19　B地區分公司企管部經理鄧某的OKR

B 地區分公司		企管部	鄧某	經理	
目標分解		目標及關鍵成果內容描述	完成標準（可量化/可評價）	時間節點	
				開始	完成
目標一（O1）		達成上半年水費入帳			
1.1	關鍵成果 KR1	6月20日前保證當期水費、退稅全額入帳	水量確認，水費、退稅全額入帳	4月1日	6月30日

B地區分公司	企管部	鄧某	經理	
目標分解	目標及關鍵成果內容描述	完成標準（可量化/可評價）	時間節點	
			開始	完成
1.2 關鍵成果KR2	二期歷史欠費回收3,200萬元	歷史欠費入帳，其中有800萬元，政府已經撥到市水務局，由於工程上本專案還欠工程款，此筆款項還未撥到公司。另外，繼續與水務局溝通，向市政府彙報並安排人員積極聯繫政府儘早撥款	5月1日	6月30日
目標二（O2）	完成審計問題整治			
2.1 關鍵成果KR1	落實建設整治問題3項	落實建設整治事項3項，督促C公司完成B地區二期生化池管道防腐整治工作、落實二期生化池池壁漏水修復工作、落實二期沉澱池沉砂井壁漏水修復工作	4月20日	6月30日
2.2 關鍵成果KR2	落實營運整治問題8項	1. 督辦落實藥劑採購管理及使用工作，內控管理，有效執行詢價比價、到貨驗收、使用出庫等內控流程。2. 督辦汙泥運輸內控過程，要求汙泥外運紀錄必須做到保全、運輸單位、車輛駕駛員、現場監督人員均要簽名確認。	4月20日	6月30日

B 地區分公司	企管部	鄧某	經理	
目標分解	目標及關鍵成果內容描述	完成標準(可量化/可評價)	時間節點	
			開始	完成
2.2 關鍵成果KR2	落實營運整治問題8項	3. 督辦解決二期出水TP超標情況,防止環保風險。 4. 督辦降低生物池汙泥濃度在3,000至5,000mg/L範圍之內。 5. 督辦和加強生產庫房的管理,庫存物資要合理分類擺放 6. 督促相關部門購買安全設施,消除安全隱患 7. 督促相關部門加強設施和設備的維修、維護。 8. 督促相關部門對生物池儀表進行日常維護,確保正常產出資料	4月20日	6月30日
目標三(O3)	完成水廠核對標準梳理及提升、檢修方案制定			
3.1 關鍵成果KR1	5月底完成水廠核對標準工作梳理	督促相關部門完成各地區核對標準檔案整理向下傳達工作	4月10日	4月30日
3.2 關鍵成果KR2	6月底完成檢修方案的實施圖表單	督促相關部門完成業務區向下傳達的隱患整治實施圖表單並督辦	4月25日	6月1日

(3) B 地區分公司生產部副經理成某的 OKR 如表 7-20 所示。

表 7-20　B 地區分公司生產部副經理成某的 OKR

B 地區分公司	生產部	成某	副經理	
目標分解	目標及關鍵成果內容描述	完成標準（可量化／可評價）	時間節點	
			開始	完成
目標一（O1）	增進生產的安全、穩定、優質			
1.1	關鍵成果 KR1	在經濟運行的前提下，出水達標 100%	PAC 投加量控制：＜ 20mg／L，PAM 控制：0.6mg／L；5 月底前找出技術工作的問題與不足	4 月 23 日	6 月 30 日
1.2	關鍵成果 KR2	完成科學有效的技術指導方案，指導技術標準	完成運行班記錄表格的更新、修改與最佳化；完善高效池運行指導手冊	5 月 10 日	6 月 30 日
1.3	關鍵成果 KR3	展開第一線在職訓練	完成化驗室理論基礎部分的培訓及考核兩次；完成化驗室實務操作部分的考核兩次；完成 PAC 有效成分檢測的培訓	4 月 20 日	6 月 15 日
目標二（O2）	推進設備 6S 管理，完成驗收			
2.1	關鍵成果 KR1	6 月中旬完成對化驗室 6S 工作的全面驗收	6S 素養形成，並有持續改進意願，無灰塵、無垃圾、定置化、區域定位意識、有改善的明顯變化	4 月 1 日	6 月 15 日

（4）B 地區分公司綜合部副經理瞿某的 OKR 如表 7-21 所示。

表 7-21　B 地區分公司綜合部副經理瞿某的 OKR

B 地區分公司		綜合部	瞿某	副經理	
目標分解		目標及關鍵成果內容描述	完成標準（可量化／可評價）	時間節點	
				開始	完成
目標一（O1）		推進現場 6S 工作，完成驗收			
1.1	關鍵成果 KR1	5 月底前完成本廠模範區設定及基礎工作完成，6 月底完成模範區驗收，7 月底完成整體驗收	模範區設定、標準化告示、整治單、評比表、6S 檢查指導手冊、推進進度	4 月 1 日	6 月 30 日
1.2	關鍵成果 KR2	展開 6S 現場檢查與考評，提出 6S 合理化建議，最佳化提案評選	全員 6S 素養初步形成，並有持續改進意願，無灰塵、無垃圾、定置化、區域定位意識、有改善的明顯變化	5 月 1 日	6 月 30 日
1.3	關鍵成果 KR3	完成 6S 管理系統檔案 1.0 版	持續展開每日 6S 工作檢查，以部門為單位每月進行 6S 工作評比，合理化建議的採納以及獎懲制度	5 月 1 日	6 月 30 日
目標二（O2）		完成審計問題整治			
2.1	關鍵成果 KR1	落實營運整治問題 2 項	編制整治計畫、整治方案，整治涉及事項 2 項（合約管理、勞務費梳理）	5 月 1 日	5 月 30 日

（5）B 地區分公司設備部工程師吳某的 OKR 如表 7-22 所示。

表 7-22　B 地區分公司設備部工程師吳某的 OKR

B 地區分公司	設備部	吳某	工程師	
目標分解	目標及關鍵成果內容描述	完成標準（可量化／可評價）	時間節點 開始	完成
目標一（O1）	保障設備安全、穩定、優質、節能運行			
1.1 關鍵成果 KR1	能夠獨立完成乾化中心設備日常維護、維修工作	參與乾化中心設備安裝、偵錯，形成維護維修總結報告	4 月 20 日	6 月 30 日
1.2 關鍵成果 KR2	6 月底前完成年度重置計畫進度的工作 6 項	6 月底完成大修重置專案： H 集團 1. 中水泵重置； 2. 剩餘汙泥泵重置 2 臺； 3. 化驗 COD 恆溫加熱器重置； 4. 化驗室壓力滅菌桶重置； B 公司 1. 乾化中心新增加藥螺桿泵一臺備用； 2. 乾化中心新增鐵鹽隔膜泵備用	4 月 20 日	6 月 30 日
1.3 關鍵成果 KR3	做好關鍵點設備的維護，安全穩定運行 91 天	廢水池、迴流泵、高效沉澱池設備，安全生產紀錄	4 月 20 日	6 月 30 日
1.4 關鍵成果 KR4	6 月底前按規定完成有限空間作業的培訓、演練	有報備、有方案、有流程、有圖片、有紀錄、有書面總結	4 月 20 日	6 月 30 日
目標二（O2）	完成審計問題整治監督與驗收			

B 地區分公司	設備部	吳某	工程師	
目標分解	目標及關鍵成果內容描述	完成標準（可量化／可評價）	時間節點	
			開始	完成
2.1 關鍵成果 KR1	落實建設整治問題 2 項：1. 二期廢水井溢流問題；2. 二期變壓器銅牌絕緣套管開裂	二期廢水井溢流問題採用鋼板焊接封堵溢流管。二期變壓器銅牌絕緣套管開裂，安排機修班每天兩次巡視變壓器運行情況，檢測變壓器溫度、電流等並作好紀錄，如發現異常及時處理	4月1日	6月30日
2.2 關鍵成果 KR2	落實營運整治問題 1 項	進水 COD 更改取樣點，配合生產部實施	5月1日	6月30日
目標三（O3）	推進設備 6S 管理，完成驗收			
3.1 關鍵成果 KR1	5 月底前完成本廠模範區設定及基礎工作，6 月底完成模範區的驗收	設備現場管理 6S 驗收及模範水廠設備相關 6S 驗收	4月10日	4月30日

（6）B 地區分公司綜合部行政主管周某的 OKR 如表 7-23 所示。

表 7-23　B 地區分公司綜合部行政主管周某的 OKR

B 地區分公司	綜合部	周某	行政主管	
目標分解	目標及關鍵成果內容描述	完成標準（可量化／可評價）	時間節點	
			開始	完成
目標一（O1）	6S 模範區驗收工作			
1.1 關鍵成果 KR1	5 月底前完成本廠模範區設定及基礎工作	模範區設定、標準化告示、6S 檢查指導手冊、推進進度	5月8日	5月30日

第 7 章　案例：B 水務集團

B 地區分公司 目標分解		綜合部 目標及關鍵成果內容描述	周某 完成標準（可量化／可評價）	行政主管 時間節點	
				開始	完成
1.2	關鍵成果 KR2	6月底完成模範區驗收工作	標準化告示、6S檢查指導手冊、推進進度	5月8日	6月30日
1.3	關鍵成果 KR3	7月底完成整體驗收	6S檢查指導手冊、推進進度	5月1日	6月30日
目標二（O2）		持續展開及推進6S工作			
2.1	關鍵成果 KR1	6S工作成果的保持，全員6S素養提高	全員6S素養形成，並有持續改進意願，無灰塵、無垃圾、定置化、區域定位意識	5月1日	6月30日
2.2	關鍵成果 KR2	有效、持續推進6S工作	持續展開每日6S工作檢查，以部門為單位每月進行6S工作評比，合理化建議的採納	5月1日	6月30日

　　專案營運公司B地區分公司總經理李某的O1、O2、O3均源自專案營運公司共同的O2、O3、O4，而O4則是結合自身專案公司的特點，新增的O。B地區分公司生產部副經理成某的兩個O基本上是延續了B地區分公司總經理的O2、O3，沒有自己創新的O，比較一般。B地區分公司企管部經理鄧某的O1、O2源自於B地區分公司總經理的O1、O4，其O3則來源於專案營運公司共同的O5，創新性比較差一些。B地區分公司綜合部副經理瞿某的O1、O2就是B地區分公司總經理的O3、O4，缺乏自身的有挑戰的O。B地區分公司設備部工程師吳某的O1（保障設備安全、穩定、優質、節能運行），是結合自身的工作提出的，其O2、O3分別是B地區分公司總經理的O4、O3。B地區分公司綜合部行政主管周某的O1、O2都是依據6S，是源自於B地區分公司總經理的O3。

7. 人力資源部的 OKR

(1) 人力資源部經理李某的 OKR 如表 7-24 所示。

表 7-24　人力資源部經理李某的 OKR

業務區 目標分解		人力資源部 目標及關鍵成果內容描述	李某 完成標準（可量化／可評價）	經理 時間節點	
				開始	完成
目標一（O1）		建構目標績效管理系統，並確定第二季度OKR			
1.1	關鍵成果 KR1	完成目標績效管理系統方案及圖表單	方案及圖表單	4月1日	4月30日
1.2	關鍵成果 KR2	完成 2018 年第二季度 OKR 檔案設定	培訓、組織目標分解過程、形成業務區OKR分解設定檔案（分解導圖）	4月1日	5月30日
1.3	關鍵成果 KR3	完成 OKR 激勵方案、OKR 季度會議	有激勵方案，完成OKR 季度會議組織實施、完成第二季度OKR 回顧、完成第三季度 OKR 檔案設定	5月1日	6月30日
目標二（O2）		提高業務區團隊能力			
2.1	關鍵成果 KR1	完成 2018 年上半年人才盤點（人員能力測評）前期準備	能力評估測評工具選擇，最佳化人才盤點PPT 模板等資料表格	5月1日	6月30日
2.2	關鍵成果 KR2	完成業務區重要職位任職資格系統檔案	業務區專業經理以上、專案公司副廠長以上職位任職資格檔案	5月1日	6月30日

業務區目標分解	人力資源部 目標及關鍵成果內容描述	李某 完成標準（可量化／可評價）	經理 時間節點 開始	完成
2.3	關鍵成果 KR3	啟動員工職業規劃工作和雙向交流	個人職業發展檔案、員工發展路徑圖、雙向交流方案，執行1至2人	5月1日	6月30日
2.4	關鍵成果 KR4	現有專案人員需求配置方案及關鍵職位人員配置完成	方案及關鍵職位人員配置完成	5月1日	6月30日
2.5	關鍵成果 KR5	接洽專科學校，啟動「B水務訂單班」合作洽談	完成校園宣傳、簽訂協議，訂單班招生報名	4月1日	6月30日
目標三（O3）		大力推進第一線及管理人員培訓			
3.1	關鍵成果 KR1	展開第一線在職訓練	迎檢管理培訓、安全演練培訓、設備技術實務操作培訓	3月1日	5月31日
3.2	關鍵成果 KR2	展開班組長技能提升培訓	班組長技能提升培訓計畫表	5月1日	6月30日
3.3	關鍵成果 KR3	擬定經理人學歷提升班方案	找到至少一家大專院校合作，並初步達成意向	5月1日	6月30日
目標四（O4）		強化團體及文化氛圍、提高人才保留率			
4.1	關鍵成果 KR1	安排上半年團康活動1次	完成上半年文化活動實施計畫方案，有活動圖片、部分活動新聞稿	5月1日	6月30日
4.2	關鍵成果 KR2	完成有競爭力的薪酬標準調整	試算資料、審核完成	5月1日	6月30日

(2)人力資源部主管翟某的 OKR 如表 7-25 所示。

表 7-25　人力資源部主管翟某的 OKR

業務區		人力資源部	翟某	主管	
目標分解		目標及關鍵成果內容描述	完成標準（可量化/可評價）	時間節點	
				開始	完成
目標一（O1）		建構目標績效管理系統，並確定第二季度 OKR			
1.1	關鍵成果 KR1	完成目標績效管理系統方案及圖表單	方案及圖表單	4 月 1 日	4 月 30 日
1.2	關鍵成果 KR2	完成 2018 年第二季度 OKR 檔案設定	培訓、組織目標分解過程、形成業務區 OKR 分解設定檔案（分解導圖）	4 月 1 日	4 月 30 日
1.3	關鍵成果 KR3	完成 OKR 激勵方案、OKR 季度會議	有激勵方案，完成 OKR 季度會議組織實施、完成第二季度 OKR 回顧、完成第三季度 OKR 檔案設定	5 月 1 日	6 月 30 日
目標二（O2）		提高業務區團隊能力			
2.1	關鍵成果 KR1	現有職缺：估價、財務職位人員配置完成	估價、財務職位人員配置完成	5 月 1 日	6 月 30 日
2.2	關鍵成果 KR2	接洽專科學校，啟動「B 水務訂單班」合作洽談	完成校園宣傳、簽訂協議，訂單班招生報名	4 月 1 日	6 月 30 日
目標三（O3）		大力推進第一線及管理人員培訓			

第 7 章 案例：B 水務集團

業務區目標分解		人力資源部目標及關鍵成果內容描述	翟某完成標準（可量化／可評價）	主管時間節點	
				開始	完成
3.1	關鍵成果 KR1	展開第一線在職訓練	迎檢管理培訓、安全演練培訓、設備技術實務操作培訓	3月1日	5月31日
3.2	關鍵成果 KR2	展開班組長技能提升培訓	班組長技能提升培訓計畫表	5月1日	6月30日
3.3	關鍵成果 KR3	擬定經理人提升班方案	找到至少一家大專院校合作，並初步達成意向	5月1日	6月30日
目標四（O4）		強化團體及文化氛圍、提高人才保留率			
4.1	關鍵成果 KR1	安排上半年團康活動1次	完成上半年文化活動實施計畫方案，有活動圖片、部分活動新聞稿	5月1日	6月30日

人力資源部經理李某的O1（建構目標績效管理系統，並確定第二季度OKR），來自於總經理的O1的KR1；其O2（提高業務區團隊能力），則是根據總經理的O1做了創新，其O3（大力推進第一線及管理人員培訓）則是來源於總經理的O1的KR2；其O4（強化團體及文化氛圍、提高人才保留率）則是人力資源工作中的重要措施，提高人才保留率，可以減少人員流失，降低人事成本。人力資源部主管翟某的O1、O2、O3、O4是對人力資源部經理李某的OKR設定了更加對應的措施，基本上是按人力資源部經理的OKR表來細化的。

7.6 整體評價

　　以集團總部提出的經營業績目標和管理效率目標，作為整體的目標，經營業績目標以 KPI 的指標作為硬性目標，納入到 KPI 的績效考核指標系統，而管理效率目標則是軟性的目標，從這兩個不同的目標系統中，歸納出 OKR 的 O，不是所有的目標都能成為 O，O 是要有挑戰的目標，是從沒做過的目標，從而挑出公司層面的五個 O，也就是總經理的 O，再制定出每個 O 相應的 KR，形成了一個完整的公司頂層 OKR 的建立。而且從系統上來看，也是形式比較一致的，每個人有 4 至 5 個 O，每個 O 有 2 至 4 個 KR，同時對每個 KR 還列出了完成標準，這是使 OKR 執行落實的一個很有特色的內容，在 KR 其實已經量化的基礎上，再透過完成標準加以細化，更加有效地衡量和規範 KR 的效果。

　　然後經由各部門分解 OKR，就將總經理的五個 O，分解到不同的部門，再透過各部門的 OKR 分解，將總經理的每個 KR 轉為下屬的 O，再結合各自的工作屬性，完成各自的 O 和 KR 的設計，形成公司一個整體的 OKR 分布圖，再傳遞到各自的下屬如專案經理、工程師這一些職位。從 OKR 制定到層層分解的過程來看，這樣是能夠分解出完整的鏈條。

　　注意，企業在實行 OKR 時，都會涉及兩個屬性，一個是產業屬性，另一個是企業屬性。產業屬性是不同產業所具有的特性，如資訊科技、行動網路這些公司，要求敏捷反應、快速迭代。而企業屬性則是整個公司發展歷程中，價值觀和企業文化的一種表現，不同企業的表現不一樣。例如，積極主動、層級管控、嚴謹細緻，等等。這就導致，如果不深入了解這個企業的現狀和歷史，就無法體會到各部門設定這個 OKR 的難度係數，以及這個數值在企業歷史發展的過程中，處於什麼樣的位置，如果前因後果沒有關聯，就無法知道怎麼會產生這個 OKR，意味著什麼。可能

第 7 章　案例：B 水務集團

管理基礎比較好、以及規範化管理程度比較高的企業，看其他一些傳統企業，就會覺得不是很有挑戰性。這種情況也很正常，就像是你回頭看自己走過的路，看之前寫的文章一樣，覺得之前的水準都不夠，但那也是當時你的最佳狀態，這既說明你目前的程度提高了，同時也說明別的企業的管理水準已是這個產業裡的高水準，這就是產業屬性。

目前絕大多數企業在實施 OKR 時，往往會出現，越是向下分解 OKR，對基層員工的 OKR 品質就越難以掌握，一是因為越是基層的員工，越是要把工作做好，涉及的越是具體的工作，在資訊科技、行動網路等企業，資訊工程師層面的 OKR 也只能是「專案工期提前、新的技術應用、迭代更快」等內容。OKR 在執行中的精采之處是，作為溝通的工具，OKR 是透過討論、隨時溝通的方式，產生碰撞和火花，然後快速試錯，再更新到 OKR 的文件中，而不是寫出來再討論、溝通。二是因為在企業內部很少能做到在正式會議上「討論」，也就是說，各部門彙整來自下屬的 OKR 表後在會議上進行評審時，很少有人討論，也提不出有水準的批評，因為在這個層面上，人們都認為各部門負責人應該對本部門提交上來的檔案已稽核過，別的部門再評論，因為不專業，評不出有效的意見。往往真的能說出想法的是那些副總，但這已不是「討論」，而是直接評審了。就本案例而言，所呈現的每一個職位的 OKR，不在這個產業裡的人，是不了解這個產業的屬性的，因此這裡補充一下水處理產業是做什麼的：汙水自理、給水、供水、排水、水務工程建設，還有 PPP 專案等，相對而言是比較傳統的市政工程。而貴州業務區又身處大山深處，員工也多以當地人為主。在人文上，具有明顯的當地特徵，單純、執著、簡單。因此從觀念上，還無法一下子就做到對工作、對生活的態度，有了大的轉變，一下子就設定出有野心、有挑戰性的目標，需要透過實行 OKR 的理念，並在工作中逐步提升。

7.6 整體評價

從整個案例的分解來看，從公司總經理到副總再到部門經理或專案營運公司總經理，直到工程師、專員，越往下級分，OKR 的可挑戰性就越低，經理及以下職位，更多的 OKR 是展現在他們日常的事務性工作上，或直接延續上級的 OKR，沒有展現出 OKR 語境中所說的 3＋2 模式。但同時這種分解又能夠展現出非常強的貫穿性，也就是到了基層員工，他們的 OKR 即使是事務性工作，但上、下的一致性依然非常強，不會寫其他與目標無關的事務性工作。比如 HR，目標中沒有出現勞動出勤、薪酬核算、績效考核之類的事務性工作，說明整體的宣導已明確落實。

如何幫助員工設定更有野心、有挑戰性的 O 呢？在公司裡需要有一位「COO（Chief OKR Office，首席 OKR 官）」，此人要有較高的職位（副總級），一方面他對 OKR 持非常擁護的態度，作為 OKR 堅定的執行者，遇到有反對 OKR 的聲音會直接進行溝通，一次不能說服就再次說服，直到完全說服對方，確保 OKR 在執行過程中的暢通，另一個重要方面是他「要會評論」。評論是能夠直接面對問題，提出觀點和主張，要有很強的說服力和影響力，讓別人覺得你說得有理。

有些企業會選 HR 來擔任這項工作，但在實際應用中，HR 不適合擔當此角色，主要是目前 HR 在公司的地位比較尷尬，在業務、研發、產品、營運等部門的人看來，HR 不懂業務，這是一大致命傷。不懂業務，就很難達成真正意義上的交流，另外也不能有效地評論，影響了權威性。所以這個首席 OKR 官從業務、技術、研發、營運這幾個部門來選，會比較合適。這樣整個 OKR 就會有人認真地盯，從制定個人的 OKR 開始反覆討論，就能將大家引入到一條快速通道，然後再運用 OKR 的激勵政策，如前面已講過的物質和精神的獎勵，進行持續刺激，就會產生內部的良性競爭和活力。

# 第 7 章　案例：B 水務集團

附錄

附錄 A　OKR 考核模板

OKR 目標與關鍵結果模板				
願景、使命、策略目標				
願景				
使命				
策略目標（年度）	1			
	2			
	3			
關鍵結果與期望				
策略目標 1：（目標是否足夠有挑戰性）				
關鍵結果與期望	衡量關鍵結果達成的指標（對組織的影響）	策略手段	時間安排	狀態評估 0.0 0.5 1.0
好的目標要符合 SMART 原則，目標足夠有野心，目標不超過 5 個				

附錄

附錄 B　OKR 目標管理評分表

OKR 目標管理評分表（　　年　第　季度）

所屬部門：　　　　　　　　　　　　　　　職務：

序號	目標（O）	關鍵結果（KR）	權重	完成情況	得分

附錄 C　OKR 目標設定表

單位	部門		職位	完成進度符號標示說明										
				●完成　　○未完成　　▲暫停調整										
目標分解	目標及關鍵結果內容描述	完成標準（可量化／可評價）	時間節點		當前完成情況（週進度）									
			開始	完成	完成情況評分（按權重比例計分）	進度	4月			5月			6月		
					評審評分	業務區主管評分									
							1	2	3	4	5	6	7	8	9	10	11	12
目標一（O1）															
1.1	關鍵結果 KR1						預計進度								
							當前進度								
1.2	關鍵結果 KR2						預計進度								
							當前進度								

附錄

單位	部門		職位	完成進度符號標示說明										
				●完成　　○未完成　　▲暫停調整										
目標分解	目標及關鍵結果內容描述	完成標準（可量化/可評價）	時間節點		當前完成情況（週進度）									
					完成情況評分（按權重比例計分）		4月				5月		6月	
			開始	完成		進度								
					業務區主管評分									
					評審評分		1	2	3	4	5	6	7	8	9	10	11	12
1.3	關鍵結果KR3						預計進度								
							當前進度								
目標二(O2)														
2.1	關鍵結果KR1						預計進度								
							當前進度								

284

單位		部門		職位	完成進度符號標示說明												
					●完成　○未完成　▲暫停調整												
目標分解		目標及關鍵結果內容描述	完成標準（可量化/可評價）	時間節點		當前完成情況（週進度）											
						完成情況評分（按權重比例計分）	進度	4月				5月				6月	
				開始	完成	業務區主管評分 評審評分		1	2	3	4	5	6	7	8	9	10	11	12
2.2	關鍵結果KR2						預計進度												
							當前進度												
2.3	關鍵結果KR3						預計進度												
							當前進度												

285

附錄

單位		部門		職位	完成進度符號標示說明												
					●完成　　○未完成　　▲暫停調整												
目標分解	目標及關鍵結果內容描述	完成標準（可量化/可評價）	時間節點		當前完成情況（週進度）												
					完成情況評分（按權重比例計分）		4月				5月				6月			
			開始	完成		進度												
					評審評分	業務區主管評分												
							1	2	3	4	5	6	7	8	9	10	11	12
2.4	關鍵結果KR4						預計進度											
							當前進度											
2.5	關鍵結果KR5						預計進度											
							當前進度											

單位	部門		職位	完成進度符號標示說明											
				●完成　○未完成　▲暫停調整											
目標分解	目標及關鍵結果內容描述	完成標準（可量化/可評價）	時間節點		當前完成情況（週進度）										
					完成情況評分（按權重比例計分）	進度	4月				5月			6月		
			開始	完成	評審評分											
					業務區主管評分		1	2	3	4	5	6	7	8	9	10	11	12
目標三（O3）																
3.1	關鍵結果KR1					預計進度										
						當前進度										
3.2	關鍵結果KR2					預計進度										
						當前進度										

附錄

單位		部門		職位	完成進度符號標示說明											
					●完成　　○未完成　　▲暫停調整											
目標分解		目標及關鍵結果內容描述	完成標準（可量化/可評價）	時間節點		當前完成情況（週進度）										
						完成情況評分（按權重比例計分）		進度	4月				5月			6月		
				開始	完成											
						評審評分	業務區主管評分		1	2	3	4	5	6	7	8	9	10	11	12
3.3	關鍵結果KR3							預計進度												
目標四（O4）																				
4.1	關鍵結果KR1							當前進度												
								預計進度												

單位		部門		職位	完成進度符號標示說明												
					●完成　　○未完成　　▲暫停調整												
目標分解		目標及關鍵結果內容描述	完成標準（可量化/可評價）	時間節點		當前完成情況（週進度）											
						完成情況評分（按權重比例計分）		進度	4月				5月			6月	
				開始	完成		業務區主管評分										
						評審評分			1	2	3	4	5	6	7	8	9	10	11	12
4.2	關鍵結果KR2							當前進度												
								預計進度												
合計得分																				

附錄

附錄 D　學習 OKR 進階表

請參考表 D-1，根據自己的疑問，參考對應的圖書進行學習。

表 D-1　學習進階表

序號	您是否有下面的疑問	《目標與關鍵成果法：盛行於矽谷創新公司的目標管理方法》	《不只是績效，為亞洲企業量身訂做的 OKR 寶典》
1.	KPI 與 OKR 兩者的區別	√	
2.	MBO 與 OKR 兩者的共同之處	√	
3.	OKR 的前世今生	√	
4.	OKR 的特點	√	
5.	OKR 的屬性	√	
6.	OKR 是如何應用的	√	
7.	OKR 是如何激勵的	√	
8.	OKR 是如何設定的	√	
9.	OKR 的週期是怎樣循環的	√	
10.	OKR 的設定原則是什麼	√	
11.	OKR 適用環境是哪些	√	
12.	如何設定不同職能部門的 OKR	√	
13.	如何有效實施 OKR	√	
14.	OKR 執行中的難點	√	
15.	KPA 與 OKR 兩者的區別	√	√
16.	中國案例	√	√
17.	公司推進 OKR，但存在很多困惑		√
18.	O 是如何被認定為有野心的		√
19.	KR 應該如何設定		√
20.	為什麼制定的 OKR 像 KPI		√

序號	您是否有下面的疑問	《目標與關鍵成果法：盛行於矽谷創新公司的目標管理方法》	《不只是績效，為亞洲企業量身訂做的OKR寶典》
21.	為什麼制定的O不能聚焦，也不夠有遠大願景		√
22.	為什麼下屬制定的OKR大多像日常工作，不具有挑戰性		√
23.	如何做到KR的持續試錯		√
24.	OKR與績效考核，是唯一還是兼顧		√
25.	做到激發個體了嗎		√

不只是績效,為亞洲企業量身訂做的 OKR 寶典:

公開透明 × 激勵野心 × 目標傳遞……打破部門牆與隔溫層,徹底根除「小方格怪象」!

作　　　者：	陳鐳
發　行　人：	黃振庭
出　版　者：	機曜文化事業有限公司
發　行　者：	機曜文化事業有限公司
E - m a i l：	sonbookservice@gmail.com
粉　絲　頁：	https://www.facebook.com/sonbookss/
網　　　址：	https://sonbook.net/
地　　　址：	台北市中正區重慶南路一段 61 號 8 樓 8F., No.61, Sec. 1, Chongqing S. Rd., Zhongzheng Dist., Taipei City 100, Taiwan
電　　　話：	(02)2370-3310
傳　　　真：	(02)2388-1990
印　　　刷：	京峯數位服務有限公司
律師顧問：	廣華律師事務所 張珮琦律師

- 版權聲明

本書版權為機械工業出版社有限公司所有授權機曜文化事業有限公司獨家發行繁體字版電子書及紙本書。若有其他相關權利及授權需求請與本公司聯繫。

未經書面許可,不可複製、發行。

定　　　價：420 元
發行日期：2025 年 07 月第一版
◎本書以 POD 印製

國家圖書館出版品預行編目資料

不只是績效,為亞洲企業量身訂做的 OKR 寶典:公開透明 × 激勵野心 × 目標傳遞……打破部門牆與隔溫層,徹底根除「小方格怪象」! / 陳鐳 著 .-- 第一版 .-- 臺北市：機曜文化事業有限公司 , 2025.07
面；　公分
POD 版
ISBN 978-626-99831-8-6(平裝)
1.CST: 目標管理 2.CST: 個案研究
494.17　　　　　114009475

電子書購買

爽讀 APP　　　臉書